芭芭拉编花技法

芭芭拉编花技法

〔澳〕艾利娜·迪克逊　著
苏晓鹰　译

河南科学技术出版社
·郑州·

Bibilla Knotted Lace Flowers

published by arrangement with Sally Milner Publishing Pty Ltd.
734 Woodville Rd
Binda NSW 2583
AUSTRALIA

备案号：豫著许可备字-2016-A-0207

图书在版编目（CIP）数据

芭芭拉编花技法 / (澳) 艾利娜・迪克逊著；苏晓鹰译. —郑州：河南科学技术出版社，2018.8

ISBN 978-7-5349-9256-8

Ⅰ. ①芭… Ⅱ. ①艾… ②苏… Ⅲ. ①手工编织-图集 Ⅳ. ①TS935.5-64

中国版本图书馆CIP数据核字（2018）第127234号

出版发行：河南科学技术出版社
地址：郑州市经五路66号　　邮编：450002
电话：（0371）65737028　65788613
网址：www.hnstp.cn
策划编辑：李　洁
责任编辑：杨　莉
责任校对：金兰苹
封面设计：张　伟
责任印制：张艳芳
印　　刷：北京盛通印刷股份有限公司
经　　销：全国新华书店
开　　本：787 mm × 1092 mm　1/16　　印张：9.5　　字数：260千字
版　　次：2018年8月第1版　　2018年8月第1次印刷
定　　价：58.00元

如发现印、装质量问题，影响阅读，请与出版社联系并调换。

献给

我的妈妈，是她教会我缝纫，并培养我热爱缝纫工作。还有我的爸爸，他总是在需要时陪在我的身边。

目录

致谢

这本书的编写得到了澳大利亚花边协会南澳分会和波特兰花边学会许多朋友的支持和鼓励。他们的鼓励使我能专注于我原本认为是不可能的事，他们为我提供了花朵的图片，我衷心地感谢这些朋友。

我还要特别感谢杰克·尼森、利兹·里盖提和利迪亚·哈秦森，他们为我校对图样，确保书稿的正确性。他们的帮助对我来说尤为宝贵。我还要感谢我的朋友雪莉·特格拉斯，没有你积极鼓励的邮件，我又能做出什么呢？谢谢你！

我还要感谢我的家庭对我的鼓励，感谢我亲爱的丈夫比尔·刘易斯，感谢你对我的支持，在俄勒冈为我提供了一个“远离家的家”。在这里，我可以专心写作，创作新的编结花。

前言 Introduction

由于线会在时间的磨洗中腐化消失，没人准确地知道编结花或称芭芭拉编花是何时何地起源的。希腊和土耳其的历史学家认为，编结花边从古代就有了。根据塔蒂亚娜·伊洛杨娜所著的《希腊的针线工艺》的参考文献，在荷马和柏拉图的著作中提到过这种花边。编结花边在希腊有很长的历史，用于装饰家庭亚麻织物和传统服饰。本书收录了许多在希腊克里特岛等地发现的精美样品，在黛丝皮娜·库兹西卡所著的《维多利亚时期和艾伯特博物馆的希腊编花》一书中也能找到许多精美的样品。

尽管土耳其历史学家塔西舍·安努克和美国作家艾丽斯·奥登·卡帕瑞认为，芭芭拉编花起源于土耳其和美国，但地中海东部的许多国家，也都编结这种花边。不过，在许多曾经发现过编结花边的国家，这种手艺已经消失。在当今的土耳其，仍可见到这些可爱的花朵，称为oya或igne oyalari，用来镶在头巾上，或装饰其他服饰品。

我对芭芭拉编花的兴趣，始于研究东地中海传统的编花材料之时。那时我看见了许多希腊、塞浦路斯、土耳其和美国制作的美丽编结花的照片和图样。我花了很多时间，尝试用各种线来编结出这些花朵，经过长时间的试验，终于达到了令人满意的结果。由于很难找到颜色合适、粗细也合适的线，在一些朋友的帮助下，我将线染色，反复试验，最后才制作出效果满意的花朵。

1990年，有一次我去伊斯坦布尔的大集，搜寻oya花边及编结花，高兴地发现有一整条街的商贩都在卖头巾和花串。我买了许多精致的编花样品进行研究，这给了我更多的勇气去尝试制作这些花朵。我研究的这些花朵都是采用传统技法制作的，样式是模仿自然界的花朵。在本书中，我又改进了这些技术，使制作出来的花朵尽可能逼真。我选择了一些澳大利亚当地的花朵，有几种可以在澳大利亚的花园中找到。我也展示了一些传统花朵的编结技术，这是我通过试验掌握的。我尽可能地使用准确的颜色，但是有些颜色很难找到，所以有时也需要采用一些近似色。

建议在编结这些花朵之前，先找线练习一下结和环的制作，直到做出的结和环大小和形状均匀一致为止。做一个基础五瓣花，熟悉花的图案和结构。在完成这些工作后，当你看到自然界的花，你就会想到“我能做出来”。

艾利娜·迪克逊于2013年

Materials and equipment

材料与工具

你可能会觉得意外，制作这种编结花，需要的物品很少。

线

从传统上说，芭芭拉编花是用丝线或棉线编织的，这些也是我最爱使用的线。化纤线看起来漂亮，但是很难操作。一旦剪断线，结很难保持，除非把线头粘住或烧住。

用不同粗细的线和织物做了很多实验后，我发现40号钩编棉线最适合初学者使用。寻找合适色彩的线来制作本书中的样品，是一个挑战。我使用了各种各样的丝光钩编棉线和手染线。

我最喜欢的线：

- ❀ 40号手染莉兹线（Lizbeth）
- ❀ 40号希腊蝴蝶钩编棉线
- ❀ 16号丝线

做小花用的线：

- ❀ 80号DMC线，或专用DMC线
- ❀ 80号空心丝线，或3股丝线

注：线越细，环越小，编结花也越小。

针

我喜欢用3号织补针或3号女帽纺织针，因为我发现它们的长度比较容易控制。当然，你也可以随意选用适合线的针，工作起来顺手即可。当把环固定到织物上时，必须使用尖锐的针；但在环内工作时，应使用挂毯针。

长丝线

早期，编结花使用糖、明胶或蛋白来使其硬挺。通常，花瓣和叶子的轮廓是用马鬃编织的。我喜欢用28至32支的彩色串珠线来制作图案的轮廓。长丝线容易弯曲，可做成图案的轮廓。也可以使用塑料钓鱼线，但是弯曲不那么随意，必须使末端回到图案的起点。

剪刀

小绣花剪刀最适合用来修剪靠近结处的线头。硬的串珠丝线或鱼线需要用大剪刀来剪断。

锥形棒

制作雄蕊环的有用工具，也可以用手指、铅笔或剪刀代替。

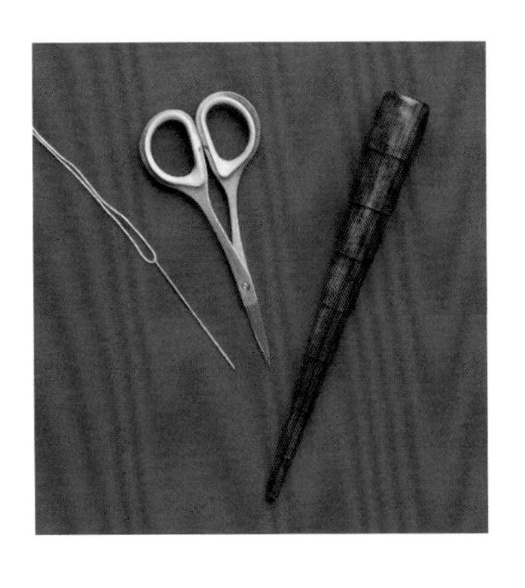

Glossary of terms and stitches

术语及针法说明

注：以下步骤按右手操作习惯来说明，如果习惯用左手，示意图就要反方向看。

基础环　大小均匀，按一定间隔排列的环。

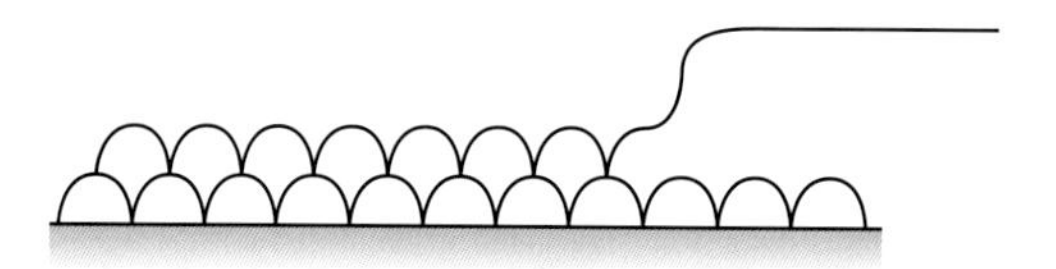

跨接环　一个小环编在一个大环或一个小环上。除非特别说明，一般跨接环不会继续再做一圈或一排。

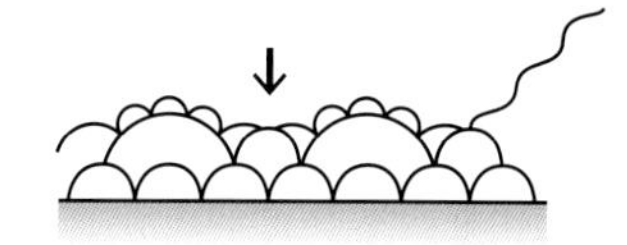

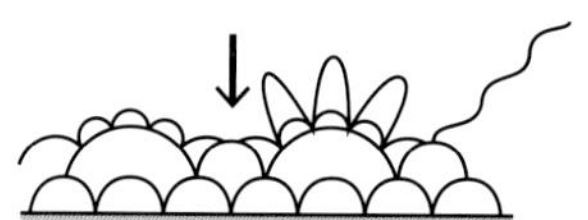

进位环　当绕圈制作编花时，进位环是一圈结束后回到第1个环，并开始下一圈的那个环。

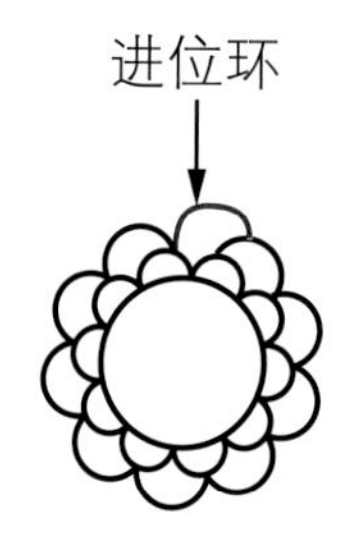

减环　当编织管状或直排的环时，将针插入两个环中，打一个结。

当做一个金字塔形状的芭芭拉叶子或花朵时，不要在同一个环上再做环，要直接返回打个结。

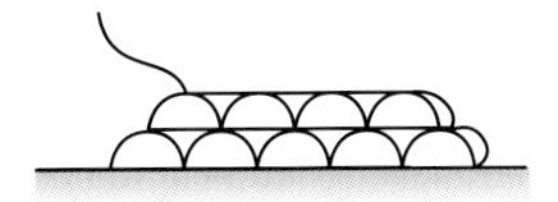

双结　是将线在针上绕2圈做成的一个结。

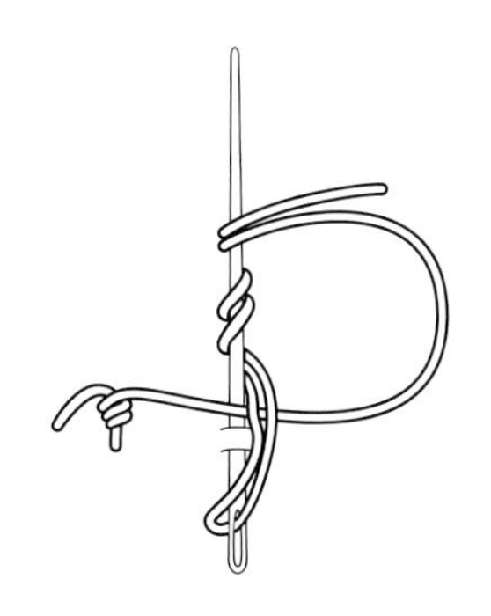

长细丝加固　用细串珠线或鱼线做花瓣或叶子图案的轮廓，使其硬挺，便于塑形。

加环　在一个环上做两个结，以增加环数。

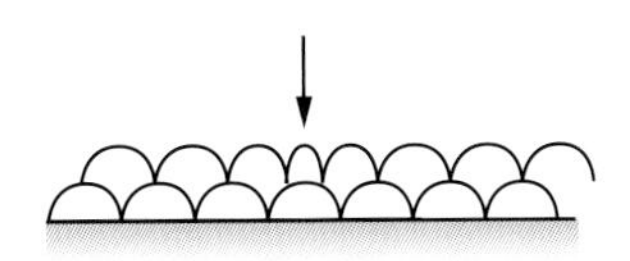

打结链　在一个环上做一个反向结，再做一个基础环。

大环 比基础环大的环，或跳过一个以上基础环所做的环。

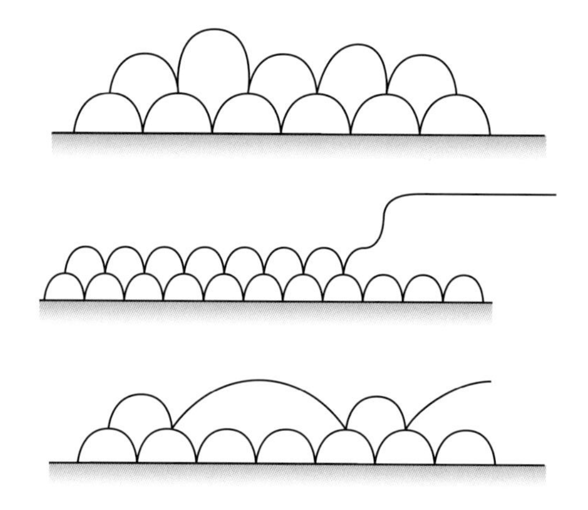

长环或饰边环 在基础环或大环上所做的比正常尺寸长的环。

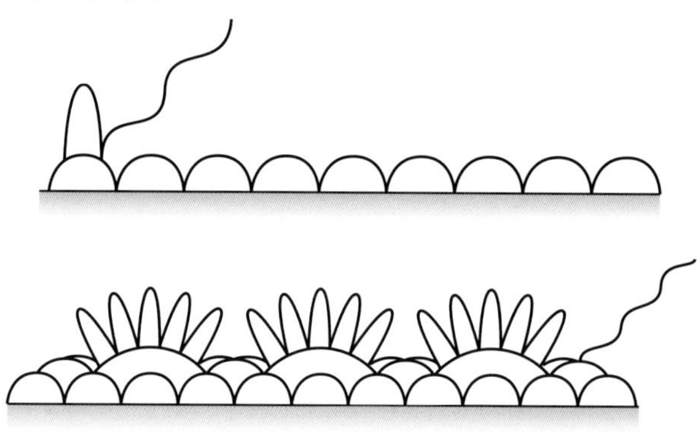

饰边小环 在一个基础环或大环上所做的一系列的小环或长环。

凸起环　是在同一个环内做出的一个基础环、一个反向环和第二个基础环。

反向结　是在刚做完的一个环或几个环内打的结。

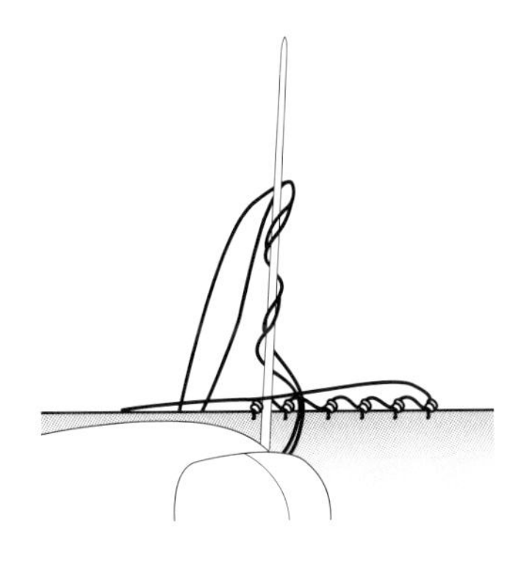

反向环　是在刚做完的最后一个环的顶部做的环。

边针　是紧接着一个大环所做的一个小的反向环。大环可以做在同一个环上作为反向环，或做在下一个基础环上。

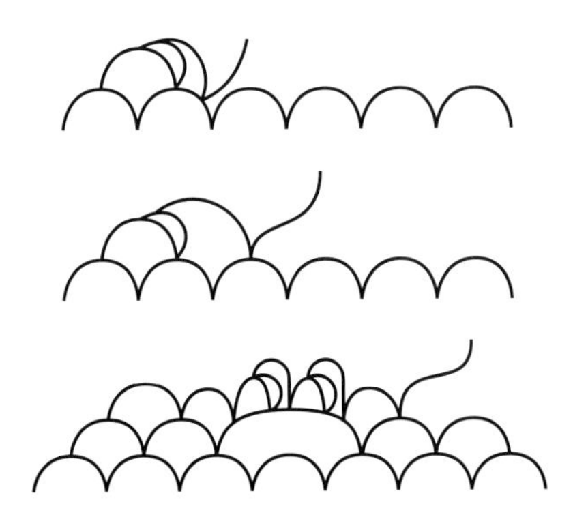

小转向环　直线编织时用来转向的环，该环上不能再做环。

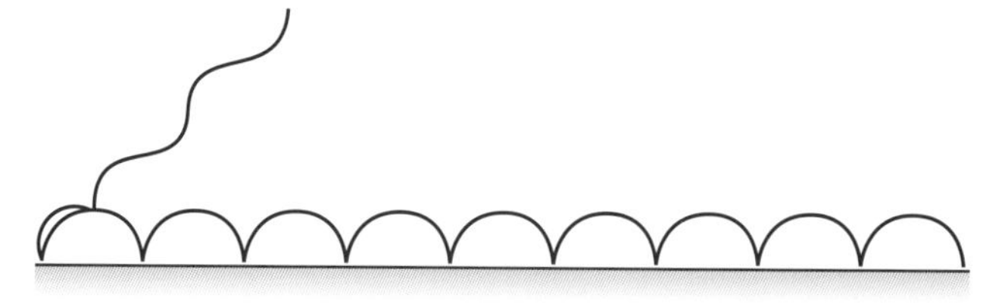

雄蕊　绕一个物体做一组5个以上的环，形成“雄蕊环”。

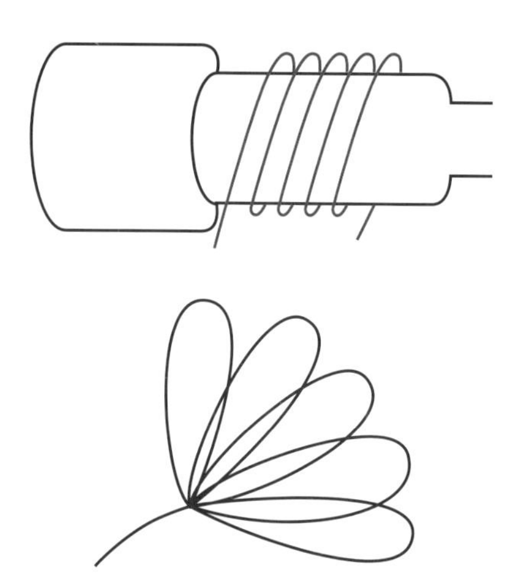

直边行　成行的环，每一行的环数相同。在一行的第1个环和下一行的最后1个环处交替加环，以保证边缘齐平。

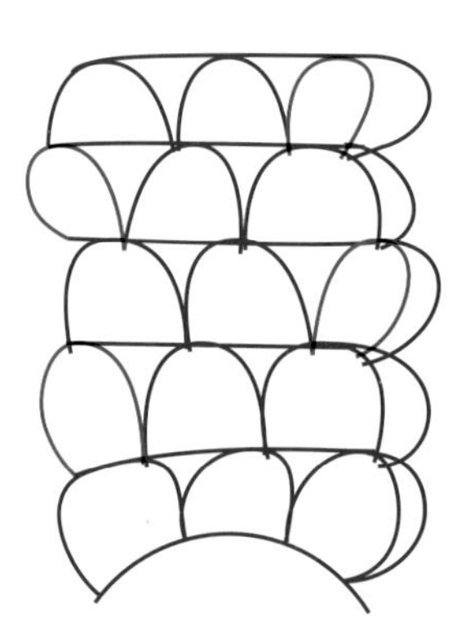

直线返回环　线直接返回至该行第1个环，打一个反向结。

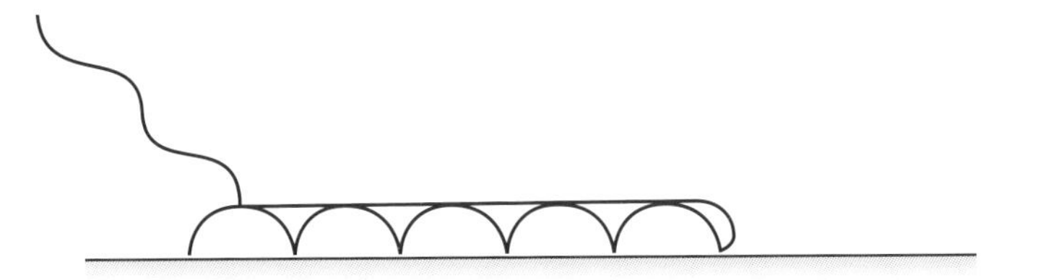

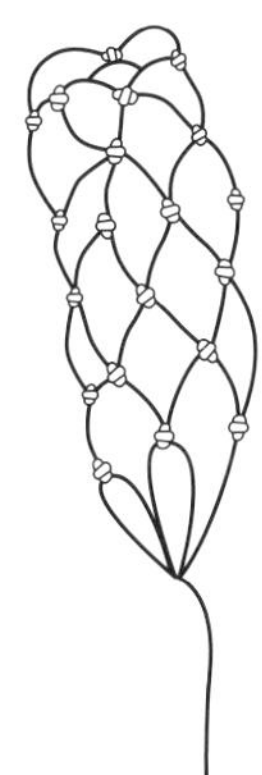

管状　做一系列尺寸一样的环，形成一个管状物。在管状部位之上做叶子和花瓣的图案。它可以代表花萼。

管状起针　在一个大圆上做环，作为管状物的起针。

转向环　直线编织时，用来转向的环。这个环必须每行都做，以使织片边缘保持平直。

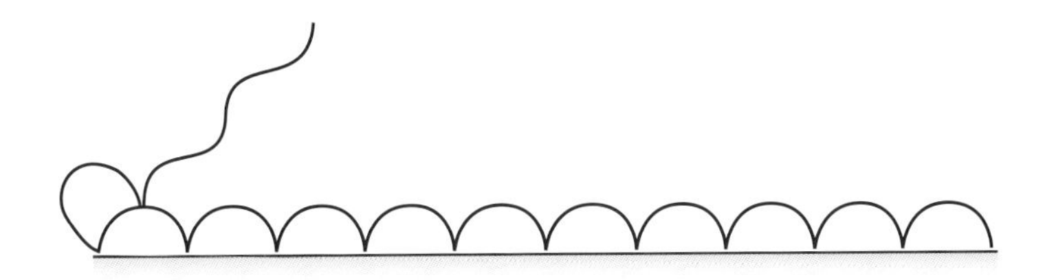

第一章

结和环

结

双结

本书中，都是用这种结来做环的。没有织物基底的双结是在一个大圆上做的，如管状起针。
由于初学者通常很难保持均匀的编织张力，所以在做花朵之前，最好先在织片上练习做结和环。

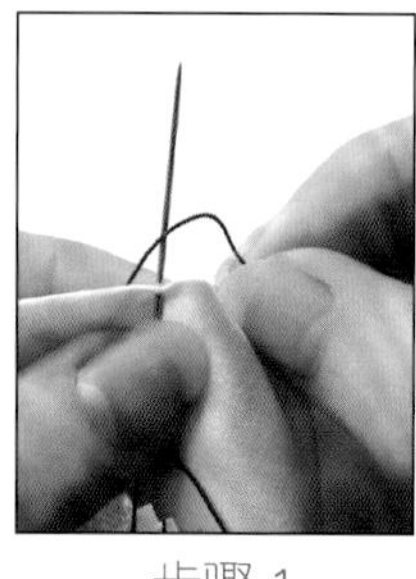
步骤 1

1 用针穿一根60cm长的线，熟练之后可以用更长的线。把线放在织物的后面，用左手的拇指和食指捏住织物，将针从织物边缘2mm处插入织物(步骤1)，从线的下方穿出。

注：针不要全部穿过织物。

步骤 2

2 抓住通过针眼的两根线，在针尖处逆时针（从右至左）绕2圈（步骤2）。

3 将针从织物内拉出（步骤3a），然后拉紧（步骤3b）。

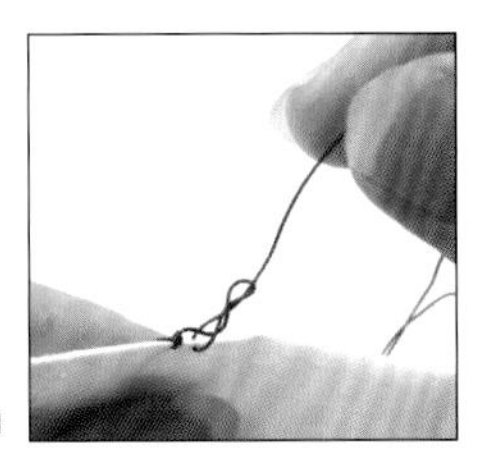
步骤 3a

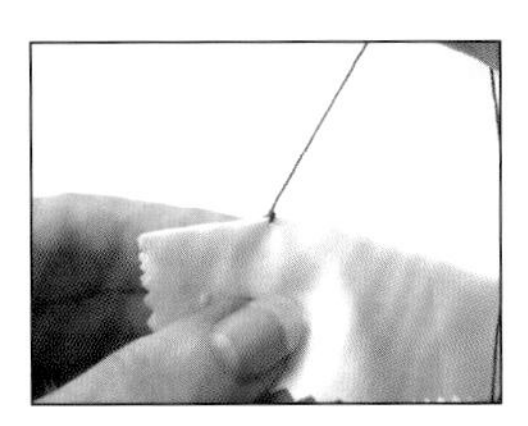
步骤 3b

注： 结在任何时候都要拉紧。

4 将针在距第1个结2mm的地方插入织物，做另一个结，形成一个2mm高的环。如此重复，直至做够你想要的环数。

注： 不要剪断线。

线很容易扭曲，如果发生扭曲，把从结过来的线松松地绕在食指上，并用中指夹住。将线放在织物背后。线绕在针上时，拔针前用右手手指顺着线将线捋直。

直线返回环和结的制作

5 将针返回插入第1个环，做1个直线返回环。从结的结束端引出线，从右向左放到针的前面（步骤5a）。从针眼处抓住两根线，在针后面从右向左逆时针绕2圈（步骤5b），然后把线拉出，拉紧结（步骤5c）。

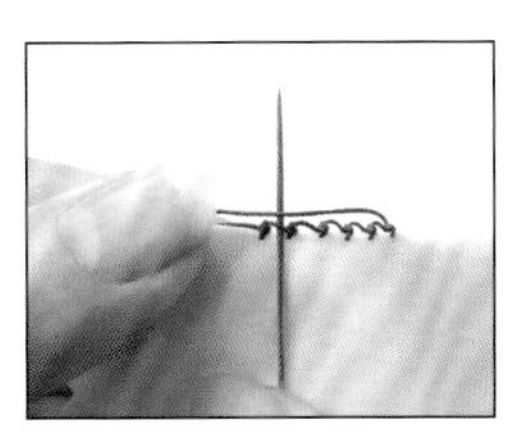
步骤 5a

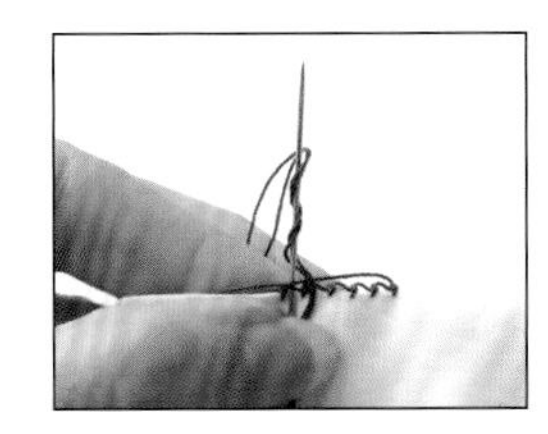
步骤 5b

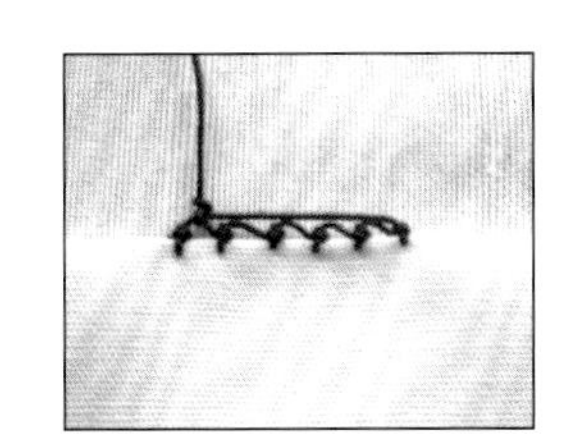
步骤 5c

环

基础环

基础环的尺寸取决于线的粗细，线越细，做出的环越小。下面各章所做的花朵都是用的40号线，基础环的间隔约为2.5mm。

大环

大环的尺寸取决于结之间的距离及里面要做多少个基础环。通常是跳过1个或多个环，在下一个环上打一个结。大环还有一种做法，是在下一个环上打结，只不过把线拉长，让环变得大一些。在拉紧结之前，用针尖调整环的大小。

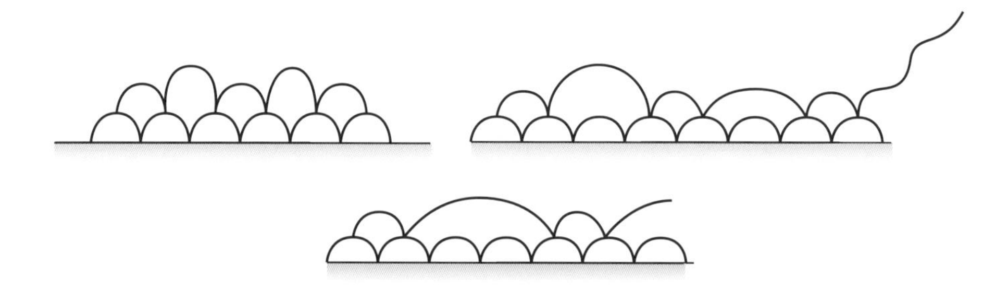

饰边环

饰边环的做法和基础环相同，区别只是环的尺寸和长度。饰边小环由一系列靠得很近的结组成。
做长的饰边环，要向右拉线，使从结处做出的环向上竖起。用针尖调整环的长度，在拉紧前将结靠在一起。

接线

用长线编织比较困难，因为线容易卷曲，因此，我建议使用的线长度不要超过1m。这就常常需要接线。由于从最后一个结出来的线也是做环的线，因此新线必须在最后一个结处接入。从最后一个结处剪断线，留大约5cm，在这个结处用新线再打一个结，把新结藏到老结的左边。新线与老线合并，做下一个环，形成一个双层环。将线头留在作品的背面。在做下一行环时，在双层环上打结，然后再修剪掉线头。

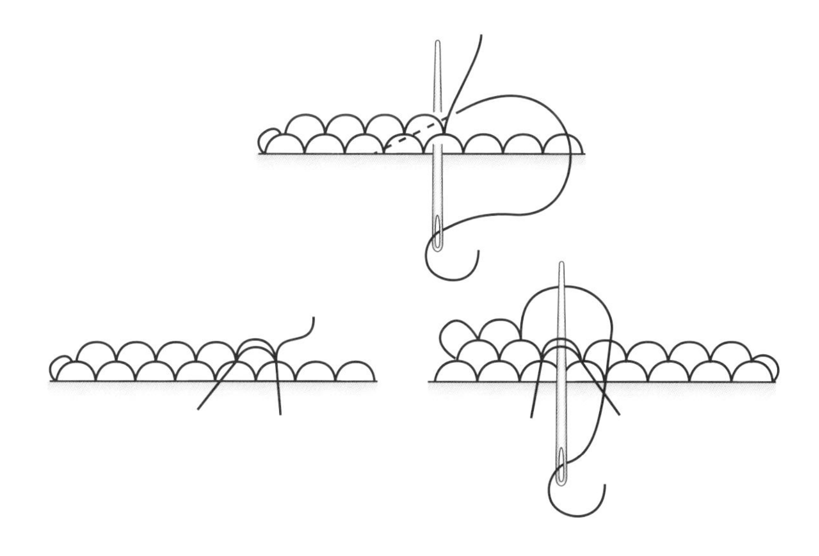

决不可在花瓣或叶子的边缘接线，因为接头会很明显。最好在花瓣或叶子的底部接线。如果必须在花瓣或叶子的中间接线时，要在最后一个结处加入新线，从边缘做1或2个环，然后再剪断线。

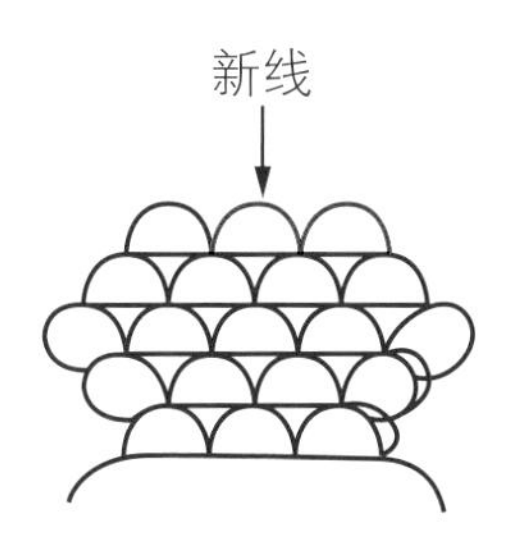

将线捆在针上

环是做在织物上的，结则都是打在环上的。所以当线太短时，可将线捆在针上。可将剩余2cm的线穿过针眼，用右手的食指和拇指捏住针眼，用线在左手的食指上绕一下套个圈，将针放在线圈的下面，从圈中撤出手指，使线滑到针上，用食指和拇指捏住，在针眼下方打个结。

注：当线滑落到针上时，不要松开食指和拇指，否则线无法正确打结。

管状和圆圈

当织到管状或圆圈的末尾处时，需要在这一圈的第1个环处进位，然后开始下一圈。在大多数说明里，称其为进位环。在数一圈的环数时，不要包括这个环。在进位环之后做的环是下一圈的第1个环。你会注意到，每一圈中的第1个环的位置都会比上一圈向右移一个环。

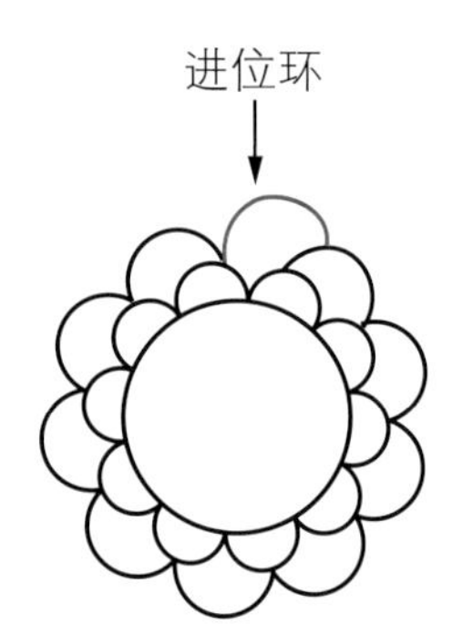

第二章

传统技法

基本形状

从传统上来讲，芭芭拉编花都是要在所要装饰的服装或头巾上直接先做金字塔形。金字塔或倒金字塔是各种花瓣和叶子的基底。它们开始是倒金字塔形，上部是金字塔形。如果形状要加长，就需要做出直边。

倒金字塔

根据叶子和花瓣的需要，倒金字塔起针为1、2或3个环。每行要增加环的数量，即在每行的第一个环和最后一个环上打两个结。

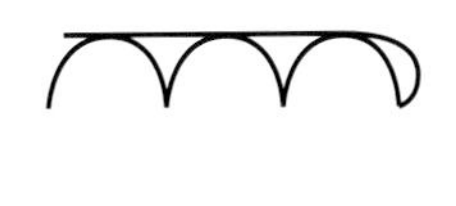

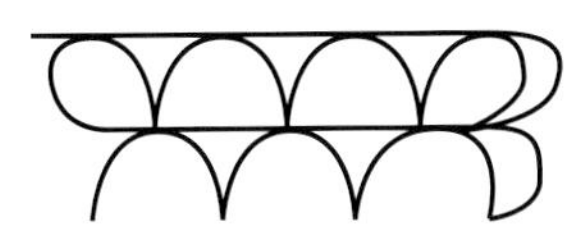

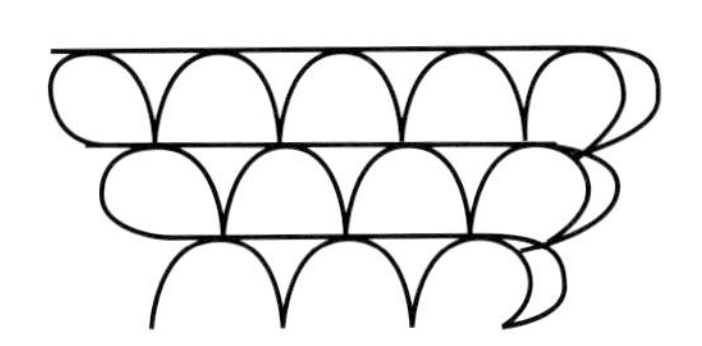

金字塔

制作金字塔要在每行减少环的数量，即在每个环上只打一个结。

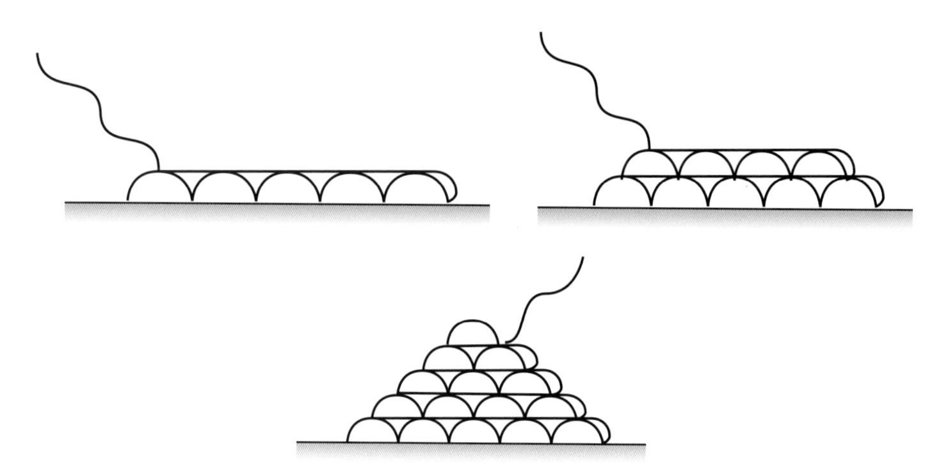

直边

制作直边要求每行的环数相同。为了保持同样的环数，使左右两侧边缘平直，要在每行的第1个环和下一行的最后一个环上交替加环。

曲线边

只在一边加环就会形成曲线边。

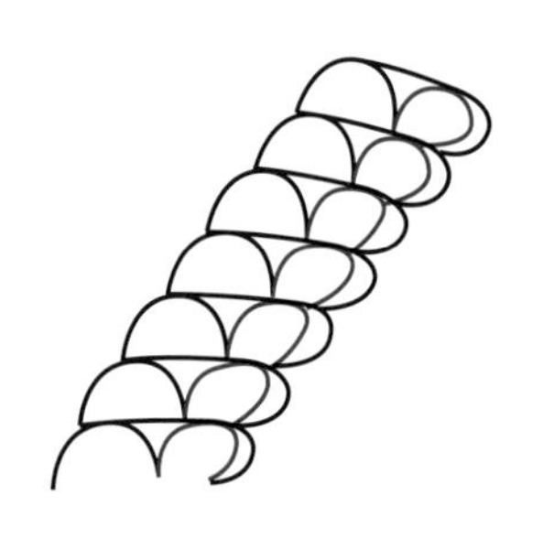

在右边加环

在左边加环

管状部位

将线的一端缠在手指上形成一个圆，将针插入圆中，线端打一个双结，做成一个圆圈（步骤1）。在这个圆圈上做5个基础环（步骤2）。用食指和拇指捏住这些环，轻拉线头，使中心的圆圈缩小，使第1个环和第5个环相接。不要剪断线头，组装花朵时，要用线头来固定（步骤3）。绕环编织，保持基础环的大小一致，不加环数，最终形成管状（步骤4）。

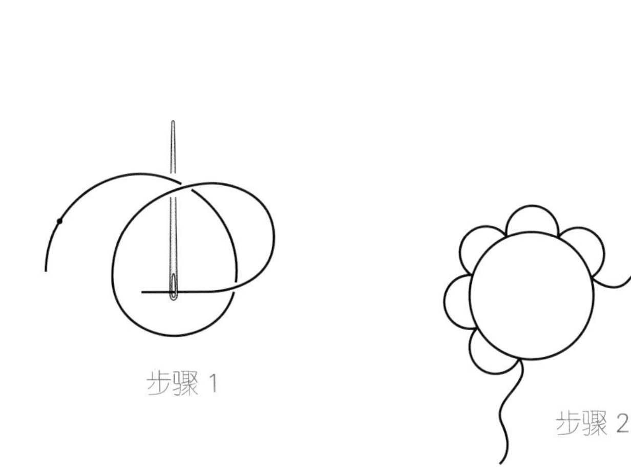

步骤 1

步骤 2

步骤 3

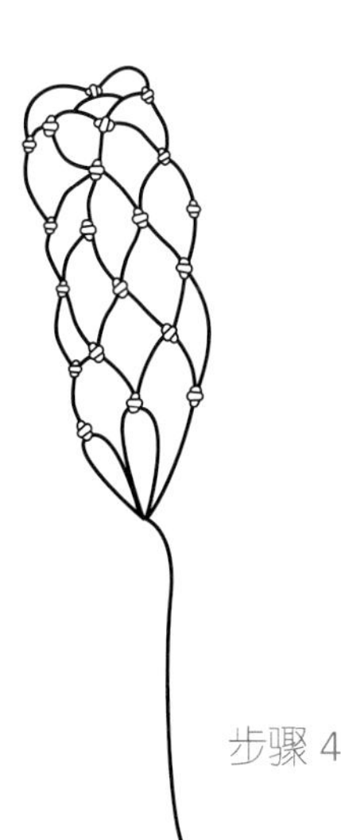

步骤 4

基础五瓣花

线的颜色

- ❀ 叶子和茎用绿色
- ❀ 雄蕊用白色和黄色
- ❀ 选择一些颜色作为花瓣和花瓣的对比色

金字塔基底

传统的做法是，先沿着织物的边缘做出金字塔基底，叶管、叶子和花瓣编到基底上面。基底的做法如下：

1 用绿色线，全部打双结，沿丝带或织物的边缘做5或6个环。打一个反向结，再做一个直线返回环，回到第1个环。保证线经过所有环的顶部，并保持平直。

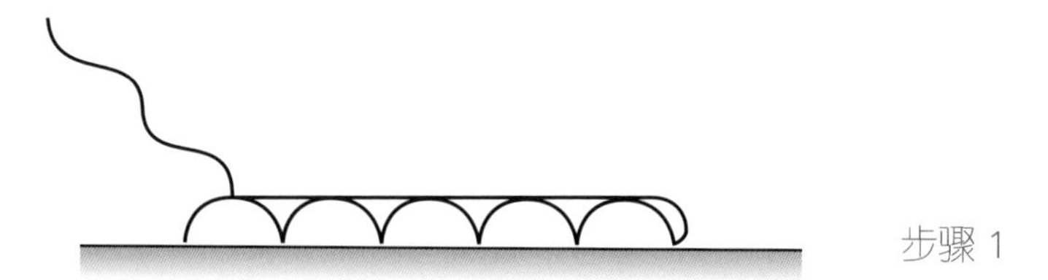

步骤 1

2 在后面的4个基础环上分别做一个环。打结时要抓住2根线。然后再做一个直线返回环，回到第1个环。

步骤 2

3　重复步骤2，每行都减环直至减至1个环。

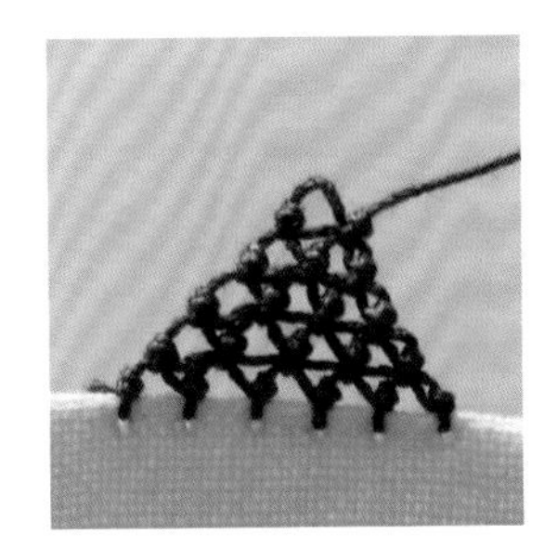

步骤 3

叶管

4　在顶部的环上做一个直线返回环，做一个双环。

步骤 4

5　在双环上做3个基础环，打结时要缠绕双环的两根线。

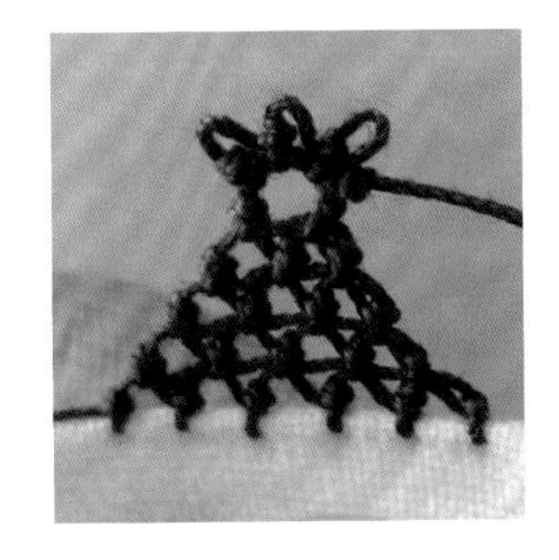

步骤 5

6 打一个反向结，再做一个直线返回环至第1个环。在3个环的基础上增加2个环（增至5个环）。

步骤 6

7 将5个环叠在一起（步骤7a），往第1个环上做一个进位环，形成一个圆圈（步骤7b）。在圆圈内操作，不增加环的尺寸。绕5圈做基础环，形成管状。

步骤 7a

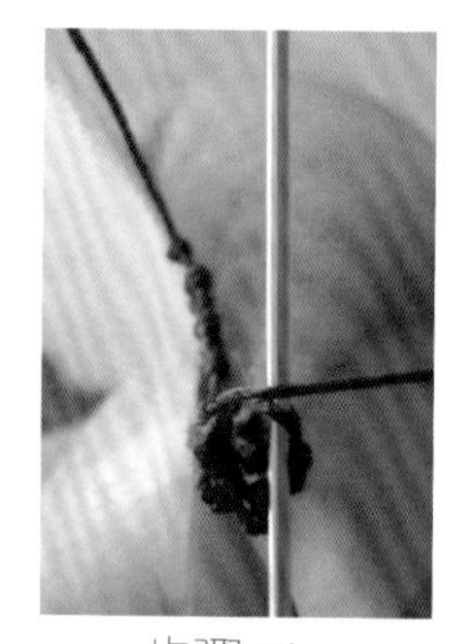

步骤 7b

8 进位到该圈的第1个环，在下一个环上做1个大环（步骤8），在后4个环上做基础环。

步骤 8

注：如果需要增加叶子的数量，可以加更多的大环。

9 跨接到大环上，做一个倒金字塔，开始2个环，最后增加到6个环（步骤9a）。*然后做一个直线环，在第1个环上做一个长的饰边环，在每个基础环上做一个基础环，直至该行的末尾（步骤9b）*。重复*号间的步骤，直至只剩下一个基础环（步骤9c）。做一个直线返回环，在顶部的环上做2个长的饰边（步骤9d）。在靠近结处剪断线。

步骤 9a

步骤 9b

步骤 9c

步骤 9d

10 在叶子基底的大环前的跨接环中，接入花瓣的浅色线（步骤10a）。在每个环上做1个大环，直至圆圈的末尾（共5个环）（步骤10b）。

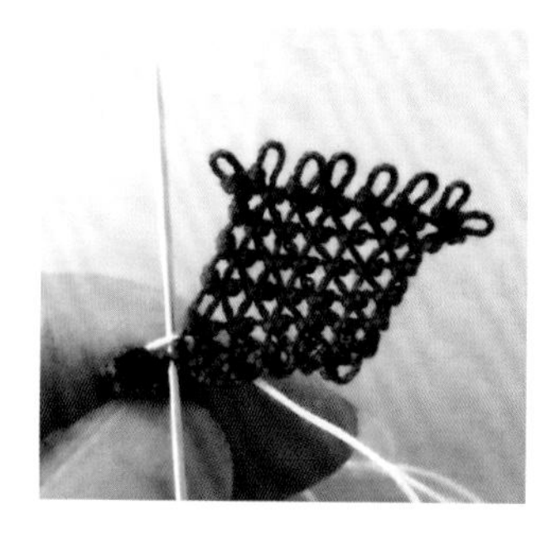

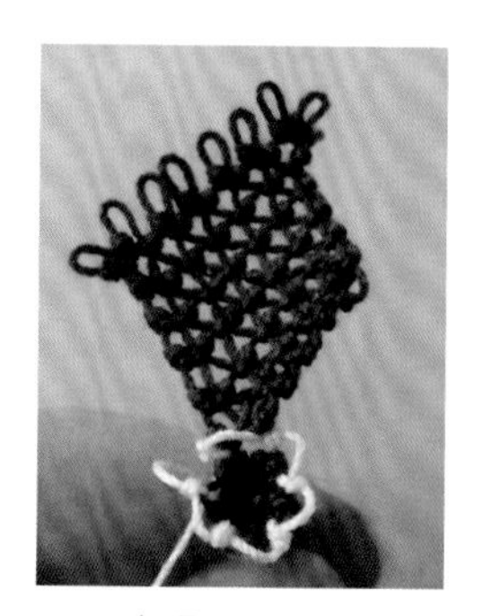

步骤 10a

步骤 10b

花瓣

11 *跨接到下一个大环上，做一个倒金字塔，开始是3个环（步骤11a），增至5个环（步骤11b）。再做一个金字塔，直至剩1个环（步骤11c）。将线带到花瓣最宽处的那个环，然后进入花瓣底部的长环（步骤11d）*。重复4次*号间的操作，做出5个花瓣。

步骤 11a

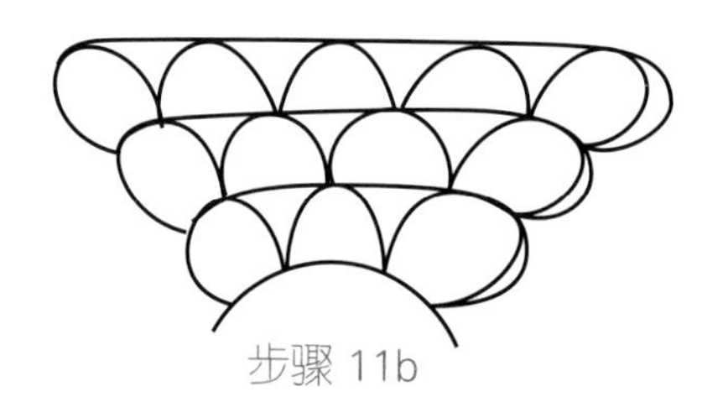

步骤 11b

步骤 11c

步骤 11d

步骤11完成后的样子

12 在花瓣的最宽处加入对比线，*从左边向上，在花瓣的每个环上做一个基础环，在顶环上加1个环。再从花瓣的右边向下加环。将第1个花瓣和第2个花瓣在最宽处连接*。重复4次*号间的操作。将最后一个花瓣连接到第1个花瓣的最宽处。在靠近结的地方剪断线。

步骤12完成后的样子

变形 花瓣也可以是分开的，这时要在花瓣的底部加入对比线，围绕整个花瓣做环。为了让花瓣显得挺直，轮廓上的环可加入长细丝。

花瓣脉络

13 在花瓣的底部中心加入对比线，如图所示，用直线绣绣出花瓣脉络。将线引到下一个花瓣的中心处，在所有的花瓣上绣出与第1个花瓣相匹配的脉络。用双结固定，在靠近结处剪断线。

步骤13完成后的样子

注：为了好看，用你喜欢的那种颜色的绣花线做脉络。

喇叭

14 在针上穿入一根1.5m的绿线做管状起针。将线的一端绕在手指上，形成一个圈。将针插入圈内打个双结，形成一个圆形。

步骤 14

15 在这个圆上做5个基础环。

步骤 15

16 用食指和拇指捏住这些环，轻轻地拉线头，直至圆形变得很小，第1个环和第5个环碰到一起。不要剪断线头，因为在组装花朵时，它是用来固定的。

步骤 16

17 把线头留在最后一个环的右面，从圆形内开始操作，将针插入第1个环。不要加大环的尺寸，在这个环上做一个进位环，在后4个基础环上各做一个基础环。

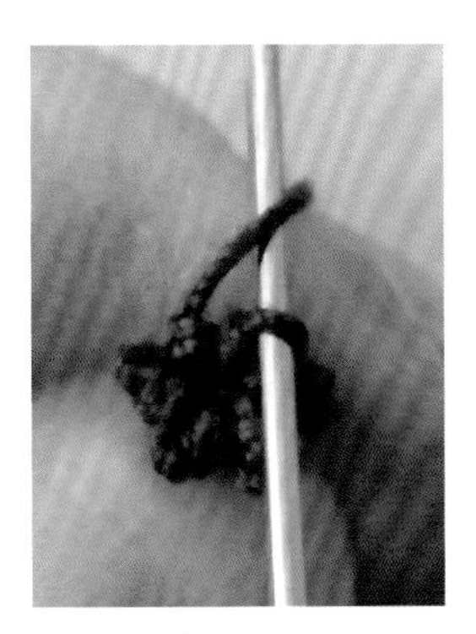

步骤 17

18 在靠近结处，用食指和拇指捏住线头，*从管状的内部开始，在第1个环上做1个进位环。在后4个基础环上分别做1个基础环*。重复*号间的操作，环要保持同样的大小，使整体形成管状。在靠近结处剪断线。

19 在最后一个结处加入对比线，再做4圈基础环。

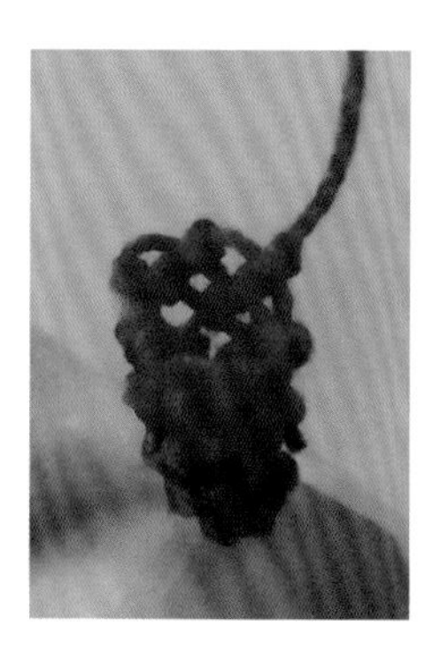

步骤19完成后的样子

20 跨接到第1个环，在下一个环上做1个基础环，做成边针。将针插入刚做好的环中（步骤20a），做1个反向环（步骤20b）。

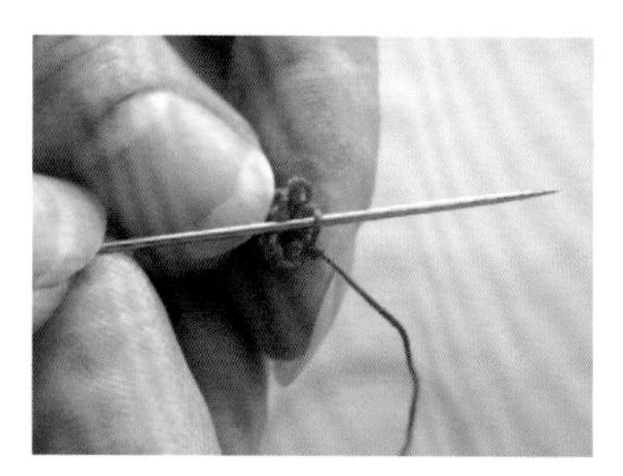

步骤 20a

步骤 20b

边针

21 在同一个环上做1个大环，作为第1个基础环（步骤21a和21b）。重复步骤20和21，直至一圈的结尾。在靠近结处剪断线（步骤21c）。

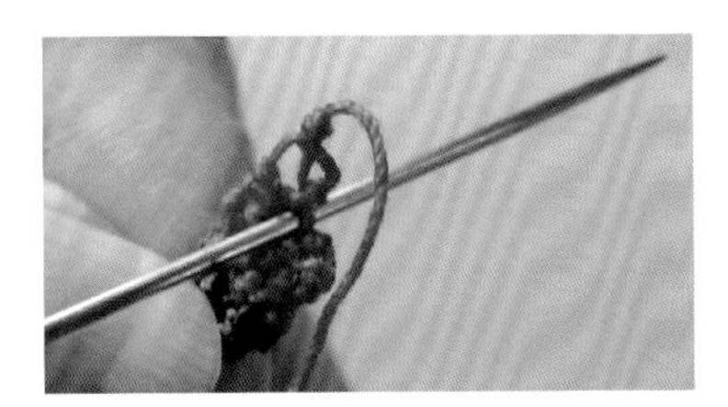

步骤 21a

步骤 21b

步骤 21c

雄蕊

22 针上穿入1根长的白色线。将线在锥形棍或铅笔又或者手指上绕5圈（步骤22a）。用一个双结将这些圈固定住（步骤22b）。用缩帆结或平结将2个线头固定，使其更结实（步骤22c）。

步骤 22a

步骤 22b

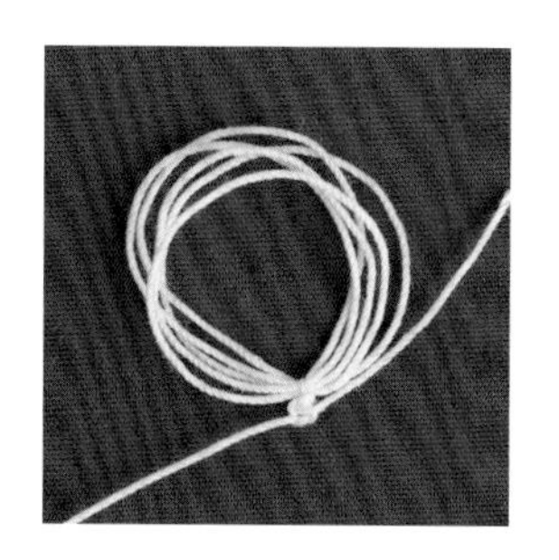

步骤 22c

注：如果你不想在喇叭的底部露出白色线，可以用与喇叭颜色相同的线来连接雄蕊的环。

23 针上穿入1根黄色线，并用一个双结接到第1个长环上（步骤23a）。在这个环上做3个小环。*跨接到下一个环，再做3个小环*。在剩余的每个环上重复*号间的操作（步骤23b）。

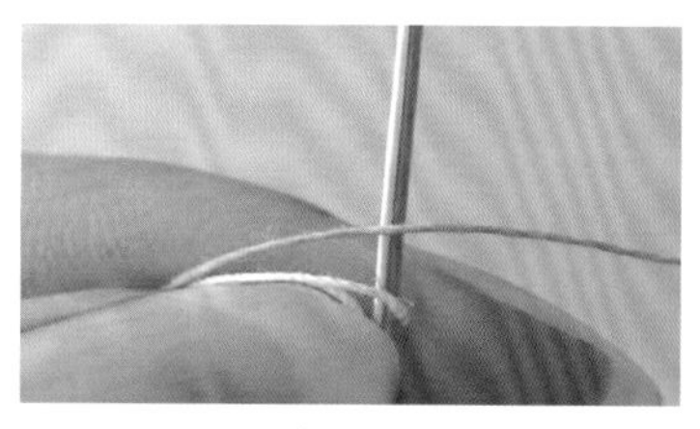

步骤 23a

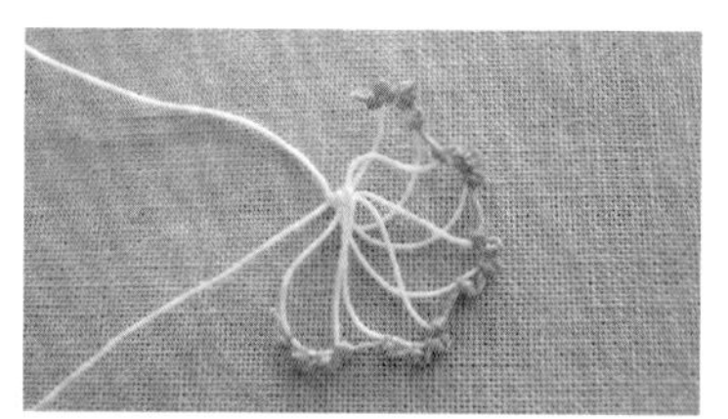

步骤 23b

24 在靠近结处剪断黄色的跨接环，将雄蕊分开（步骤24a）。用食指和拇指捏住雄蕊的打结端（步骤24b）。轻轻地拉尖部，让它们相互靠近（步骤24c）。在靠近结处，剪断每根尾部的线头。

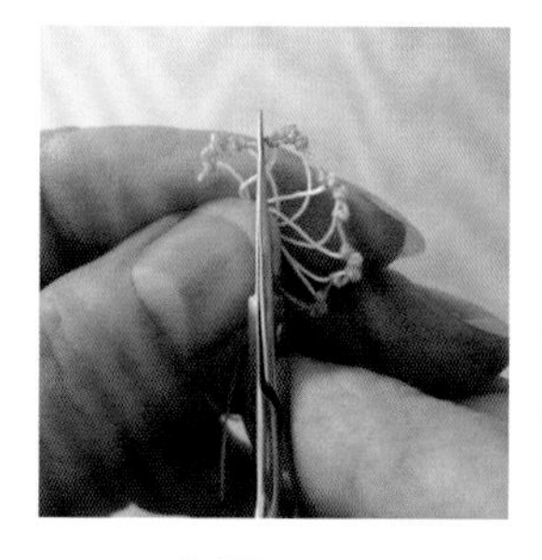

步骤 24a

步骤 24b

步骤 24c

花的组装

25 将雄蕊插入喇叭中，再将喇叭插入花瓣和叶管中。

步骤 25

26 将雄蕊线的尾端插入喇叭的管中，用一个双结固定到基底上。为了增加牢固性，可用2根线打一个缩帆结，然后在靠近结处，剪断雄蕊的线。

步骤 26

27 将喇叭插入到花瓣和叶管中，针从叶管末端的缝隙中穿出。用喇叭的线在靠近缝隙处打一个双结（步骤27a）。将针朝向花瓣穿过管部（步骤27b），然后剪断线（步骤27c）。

步骤 27a

步骤 27b

步骤 27c

第三章

花园里的花

Garden flowers

粉色岩蔷薇

线的颜色

- ❀ 绿色
- ❀ 浅粉色
- ❀ 深粉色
- ❀ 奶白色
- ❀ 金色或深黄色

花的式样

正面

花瓣

完成后的花瓣

1 先用绿色线做5个环作为管状起针，编织4圈形成管状。在靠近结处剪断绿色线。

2 在最后的一个结处加入1根浅粉色线，做1圈基础环。

3 在第1个环上进位，在每个环上做1个大环，直到结尾的那个环（共5个大环）。

4 跨接到第1个大环，做1个倒金字塔，从3个环开始，一直增加到7个环。最后再做1个直线返回环，回到第1个环(步骤4）。

步骤 4

5 在第1个环上再加1个环，在后面的3个基础环上各加1个基础环（步骤5a)。往上缩减至2个环（步骤5b)。再将线走到第4个环的下面（步骤5c)。

步骤 5a

步骤 5b

步骤 5c

6　接着步骤5在相邻的右边2个环上各做1个基础环，再向右做1个基础环，在最右侧的环上加1个环（共4个环）。再减至最上层的2个环（步骤6a)。将线引到花瓣底部的大环处（步骤6b)。

步骤 6a

步骤 6b

7　重复4次步骤4~6（5个花瓣）。在靠近结处剪断线。

8　在最后一个结处加入一根深粉色线，*跨接到下一个花瓣底部的第1个环中。加入长丝线，围绕花瓣做一些环，保证结落在金字塔形状的花瓣之间“V”形的底部*。重复*号间的操作直到花朵外缘一圈的末尾。

步骤 8

雄蕊

9　用绿色线做5个环作为管状起针，再做1圈。在靠近结处把线剪断。

10　在最后一个结处加入奶白色线，再编织4圈，形成管状。在结处将线剪断。

11　在最后一个环处加入金色或深黄色线，向这一圈的第1个环做进位环，再在每个环上做基础环，并加1个环，直到走完一圈，将线在靠近结处剪断。

完成后的雄蕊

待组装的花瓣、雄蕊和花柱

花柱

12 用奶白色线做5个环作为管状起针，编织5圈，形成管状。将线穿过所有的环，然后收紧，打个结，将线固定。然后用针将线穿过管状部位到达底部，打个结，将其固定。

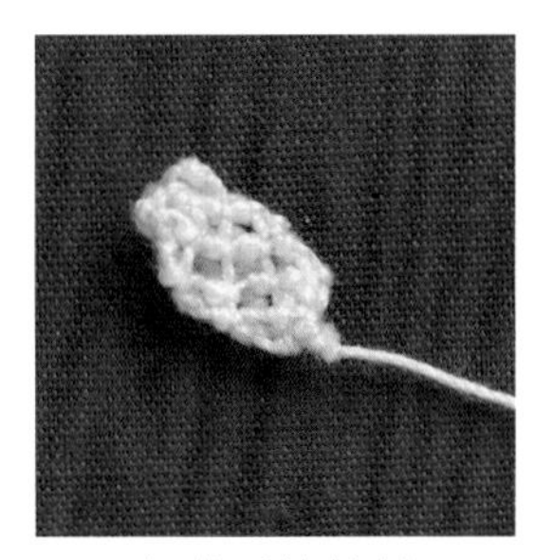

完成后的花芯

组装

13 将花芯插入雄蕊管中，固定在基底上，将雄蕊管插入花管中，固定在底部。

叶子

完成后的大、中、小号叶子

注：有些蔷薇花的小叶子看起来就像从大叶子中冒出来的，因此叶子也是在管状部位做出的。下面是对三种不同尺寸的叶子的说明，它们可以根据设计要求单独使用，也可以合起来使用。

大号叶子

14 用绿色线做3个环作为管状起针，编织1圈。在第1个环上进位，*跨接到下一个环，做1个倒金字塔，开始是2个环，然后增加到4个环（步骤14a）。再做3行直边行（步骤14b）。然后减至3个环，再做3行直边行（步骤14c）。减至1个环，将线穿到叶子的底部（步骤14d）*。重复*号间的操作，做出3片叶子。

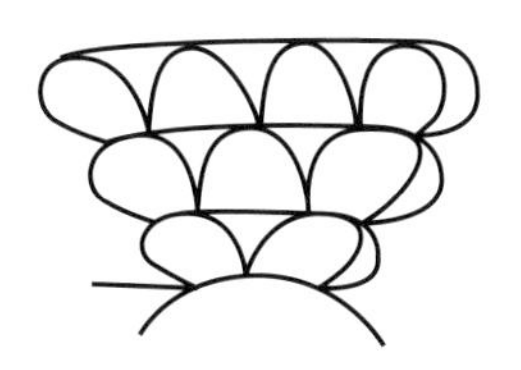
步骤 14a

步骤 14b

步骤 14c

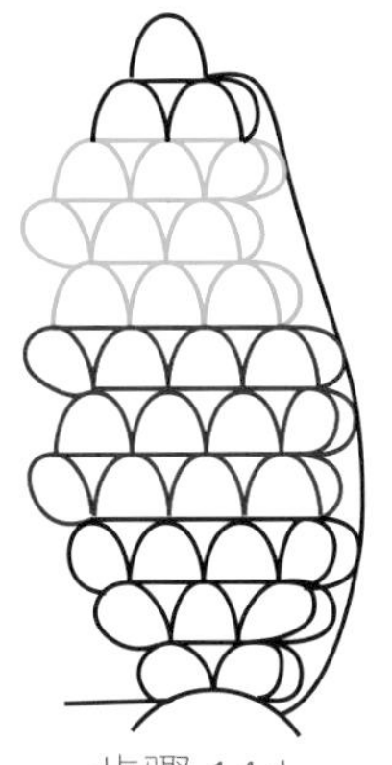
步骤 14d

15 *跨接到叶子底部的第1个环，加长细丝加固，沿着一侧向上在每个环上做1个环直到顶部。在顶环上加1个环，从另一侧向下在每个环上做1个环直至底部。跨接到叶子间的环上*。重复*号间的操作，在靠近结处剪断线头。

中号叶子

16 用绿色线做3个环作为管状起针，编织1圈，并回到第1个环。*跨接到下一个环，做一个倒金字塔，开始是2个环，增至3个环。做3行直边行，减至2个环，再做2行直边行。减至1个环，把线收到叶子的底部*。重复2次*号间的操作，再分别将每片叶子按照步骤15*号间的内容操作（共3片叶子）。

小号叶子

17 用绿色线做2个环作为管状起针，编织1圈，并回到第1个环。*跨接到下一个环，做一个倒金字塔，开始是2个环，增至3个环。做3行直边行，减至2个环，再做2行直边行。减至1个环，把线收到叶子的底部*。重复*号间的操作，再分别将每片叶子按照步骤15*号间的内容操作（共2片叶子）。

花苞

完成后的花苞

注：和叶子一样，花苞的大小也是不一样的。要做小花苞，可以减少倒金字塔中的环数和直边行数。

花苞内层

完成后的花苞内层

18 用绿色线做4个环作为管状起针，编织4圈形成管状。

19 在最后一个结处加入1根深粉色线，进位到第1个环。*在下一个环上做1个大环，在后面的环上做基础环*。重复一次*号间的操作。

20 *跨接到大环，做1个倒金字塔，起针是3个环，然后增加到5个环（步骤20a）。做2行直边行（步骤20b），最后减至1个环（步骤20c）。将线带到花瓣底部的大环（步骤20d），跨接到下一个基础环*。重复*号间的操作。

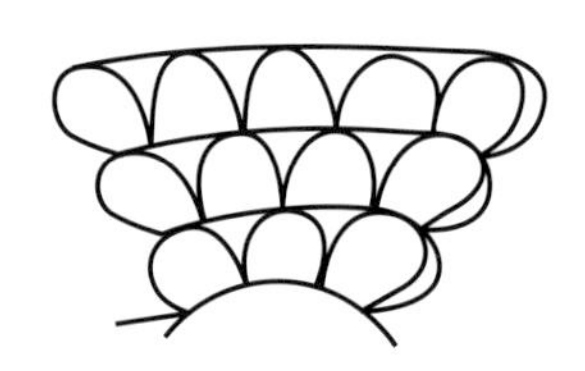

步骤 20a

步骤 20b

步骤 20c

步骤 20d

21 把第1个花瓣和第2个花瓣压在一起，将结打在2个花瓣边缘的环中，抓住打结的线。在顶部的2个环上加1个环，在边缘每个环上做一个环，直至花瓣的底部。将线在靠近结处剪断。

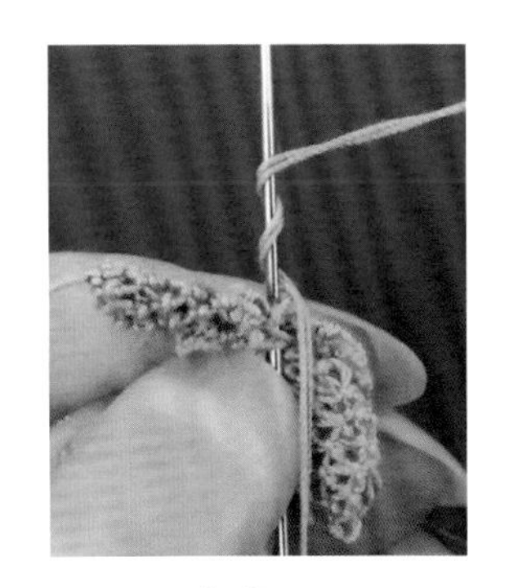

步骤 21

花苞外层

22 用绿色线做4个环作为管状起针，编织4圈，形成管状。

23 进位到第1个环，*在下一个环上做1个大环，并在后面的环上做基础环*。重复*号间的操作。

24 *跨接到大环，做1个倒金字塔，开始3个环，然后增加到6个环（步骤24a）。做2行直边行（步骤24b），然后逐渐缩减至1个环（步骤24c）。将线带到叶子底部的大环（步骤24d），再跨接到下一个基础环*。重复*号间的操作。

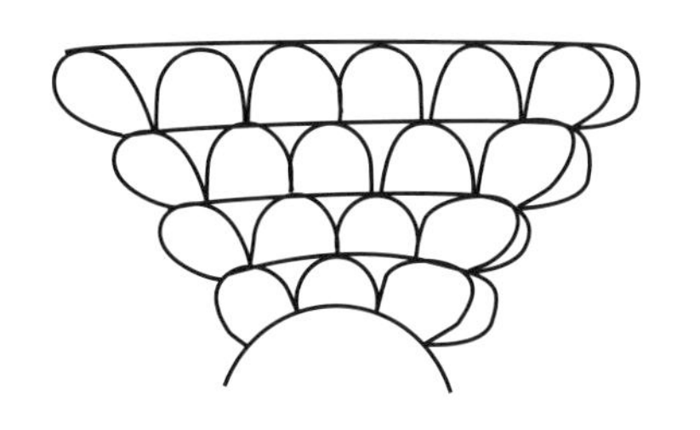

步骤 24a

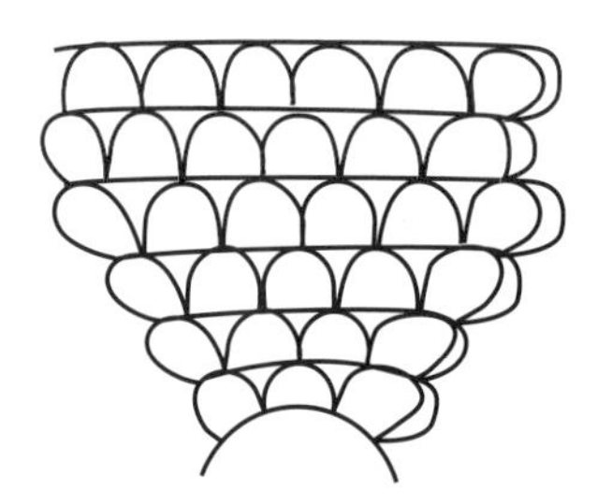

步骤 24b

步骤 24c

步骤 24d

25 加入长细丝，跨接到叶子底部的第1个环。从下到上在边缘的每个环上做一个环，直到顶部单个环处。在顶部环上做1个凸起环（步骤25及凸起环的细节）。再从另一侧由上而下做环，直到叶子底部，跨接到第2片叶子底部的第1个环。

步骤 25

凸起环的细节

26 在叶子的最宽处做环，连接第2片叶子的最宽处，然后沿着第2片叶子的侧边向上做环到顶部的单环处。在顶环上做凸起环。在另一侧边的每个环上做环，直至叶子的最宽处。把花苞的内层插入花苞外层之间，并固定到基底上。将叶片2连接到叶片1的最宽处，在边缘做环直到叶子底部。在靠近结处剪断线。

花、花苞和叶子的组装

27 用串珠线将花和花苞连接起来。将小叶子的管插入大叶子的管中，并连接到串珠线上。用3股绣花线把所有的茎秆缠起来，在端头打2个半套结，再用胶把绣花线固定。根据需要摆放好花、花苞和叶子，也可以把完成的花朵放在一个较深的相框中。

传统的花和叶茎管

需要把芭芭拉编花接到织物上时，使用传统的叶管。

接到织物上的单朵岩蔷薇

Ⅰ 用绿色线做1个金字塔，在金字塔顶部的单个环上做3个环作为管状起针，增加到5个环，编织5圈，形成管状。（见28页“基础五瓣花”的制作步骤1~7。）

Ⅱ 进位到第1个环，跨接到下一个环，做2个环。直线返回到第1个环，再做2个环（步骤Ⅱa）。在第1个环上*做1个倒金字塔，开始是2个环，最后增加到5个环（步骤Ⅱb）。做3行直边行（步骤Ⅱc），然后减至1个环（步骤Ⅱd）。把线带到叶子底部左边的第1个环（步骤Ⅱe），加入长细丝，在边缘一侧每个环上做一个环，直到顶部的环。在顶环上加1个环，在另一侧每个环上做一个环，直至叶子的底部*。

步骤 Ⅱa

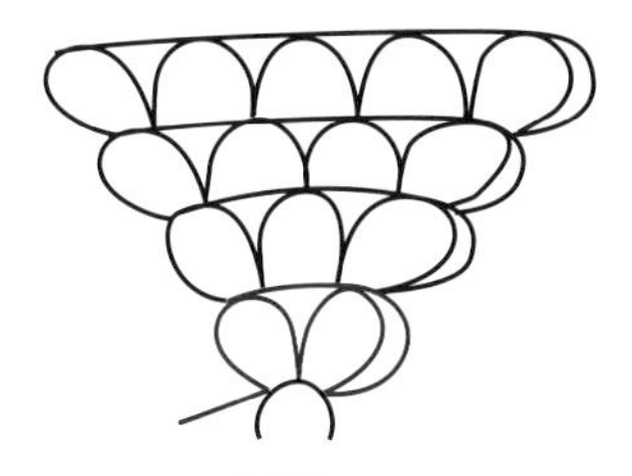

步骤 Ⅱb

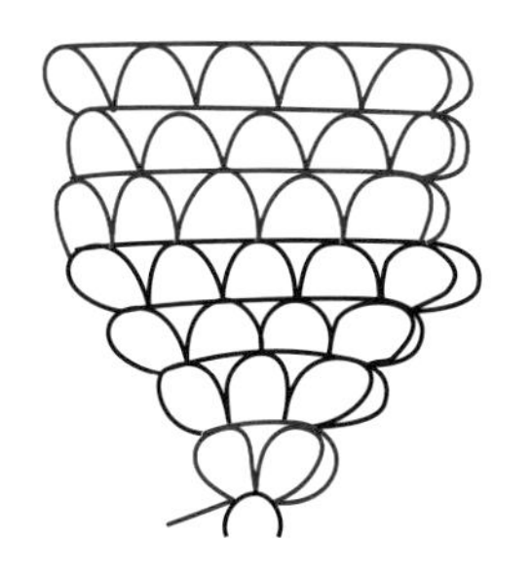

步骤 Ⅱc

步骤 Ⅱd

步骤 Ⅱe

Ⅲ 跨接到下一个环，重复步骤Ⅱ中*号间的操作，完成另一片叶子。把线在靠近结处剪断。

Ⅳ 按步骤1~13操作，做出一朵花。把花插入叶管中，在叶管底部固定。

水仙花

线的颜色

- ❀ 深绿色
- ❀ 浅绿色
- ❀ 柠檬色
- ❀ 金色或深黄色

花的式样

正面

侧面

花瓣

完成后的花瓣

1 用深绿色线做6个环作为管状起针，编织5圈，做成管状。在靠近结处剪断线，在最后一个结处加入一根柠檬色的线，再编织5圈基础环。

2 进位到第1个环，*跳过1个环，在下一个环上做1个大环*。重复2次*号间的操作（共3个大环）。

3 *跨接到下一个大环，做个倒金字塔，起针3个环，增加到8个环（步骤3a）。做4行直边行（步骤3b），然后减至1个环（步骤3c）。将线带到花瓣的最宽处，打一个结，再到花瓣底部的大环处（步骤3d）。往下一个环上做1个跨接环*。重复*号间的操作，直至这一圈的末尾（共3个花瓣）。

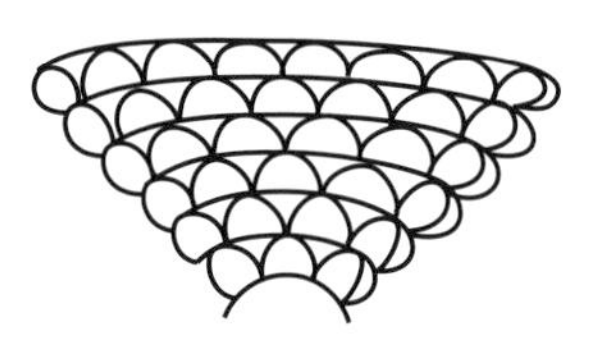

步骤 3a

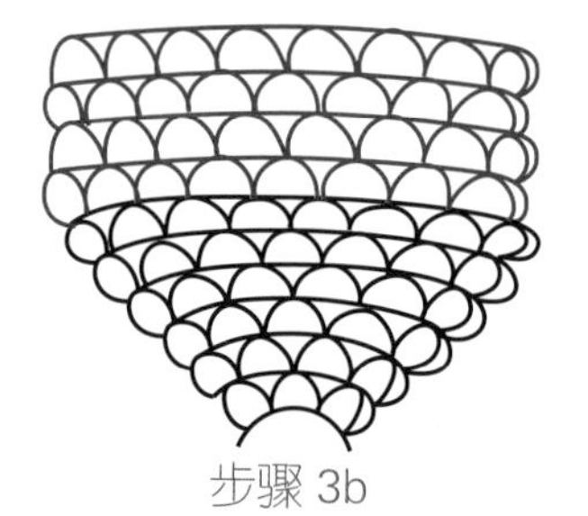

步骤 3b

步骤 3c

步骤 3d

4 跨接到花瓣基底上的第1个环，加入长细丝，在一侧由下至上做环，直至花瓣的顶部。在顶环上加1个环，再由另一侧向下做环回到花瓣的基底。跨接到花瓣之间的跨接环。

5 重复2次步骤4，在靠近结处剪断线。

6 将针插到花瓣下面的基础环内，即一行2个环（步骤6a），打1个双结（步骤6b）。在后2个环上做1个大环。在打结的环上做第3个环。按步骤3~5的内容再做3个花瓣，在靠近结处剪断线。

步骤 6a

步骤 6b

步骤 6c

喇叭

注：可以用金色或深黄色线做喇叭。

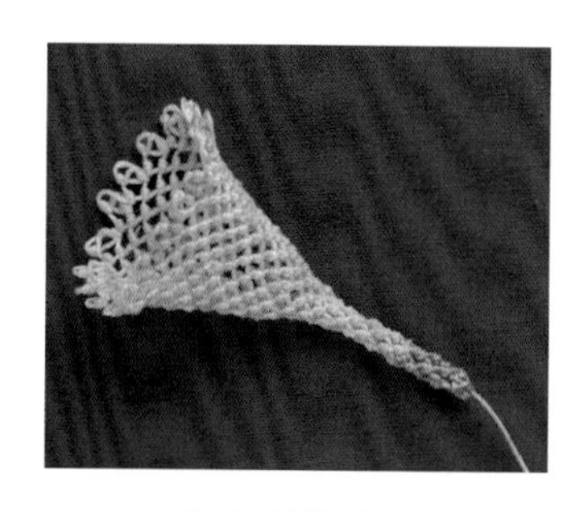

完成后的喇叭

7 用深绿色线做3个环作为管状起针，编织4圈，形成管状。

8 在靠近结处剪断线，在最后一个结处加入一根深黄色线。再编织5圈基础环。

9 进位到最后这一圈的第1个环，做1个基础环，再在每个环上加1个环，直至这一圈的末尾（共6个环）。

10 编织4圈基础环。

11 重复步骤9（共12个环），再编织6圈基础环。

12 在第1个环处做进位环，*做1个基础环，在下一个环上加环*。再在下一个环上做1个基础环。重复*号间的操作，直到这一圈的末尾（共18个环）。

13 环绕编织6圈基础环，在第1个环上做进位环，在每个环上做1个边针，直至这一圈的末尾。结束编织，剪断线。

雄蕊

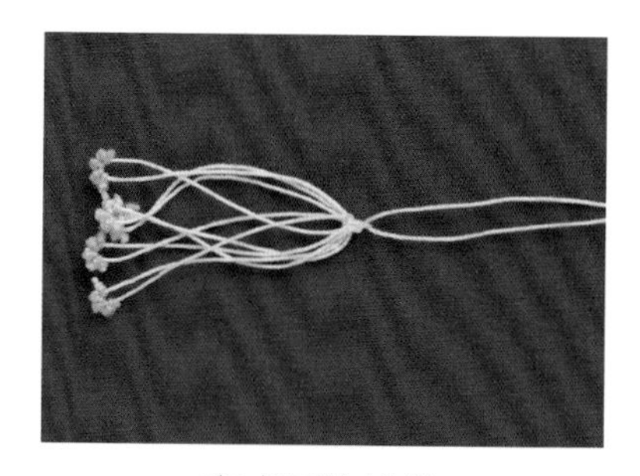

完成后的雄蕊

14 用柠檬色线做5个雄蕊环，周长大约为75mm，或是喇叭长度的2/3。用金色或深黄色线在每个雄蕊环上做3个小的饰边小环，在靠近结处，剪断雄蕊之间的跨接环，将雄蕊尖归正。

花柱

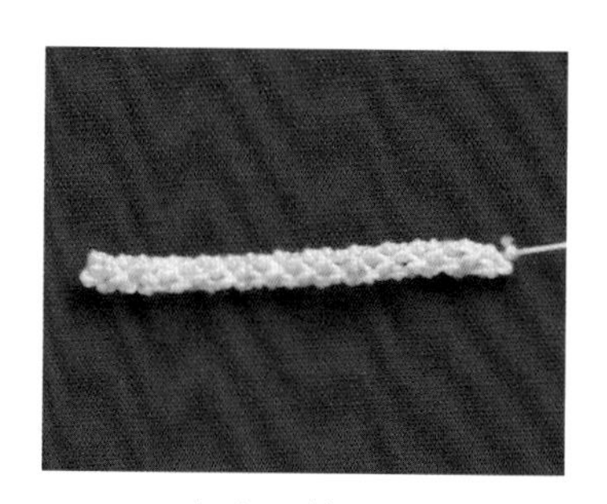

完成后的花柱

15 用浅黄色线做3个环作为管状起针，做一个大约35mm长或为喇叭长度2/3的细长管，缩减至1个环，将线通过管子带到底部，固定好后，在结处剪断线。

花的组装

待组装的花瓣、喇叭、花柱和雄蕊

16 将雄蕊和花柱插入喇叭，让雄蕊围绕着花柱，并固定到喇叭的底部。将喇叭插入到花瓣的管中，固定到基底上。

花萼和花苞

完成后的带花萼的花苞

花萼

17 使用浅绿色线做6个环作为管状起针，编织9圈。

18 进位到第1个环，在后面的3个基础环上各做1个基础环，做直线返回环到进位环上。

步骤 18

19 减至3个环，再做3行直边环（步骤19a）。减至1个环，进入顶环，在每个直线返回环上做环，直至金字塔的底部（步骤19b），在靠近结处剪断线。

步骤 19a

步骤 19b

花苞

20 用浅绿色线做5个环作为管状起针，编织8圈，形成管状，在靠近结处剪断线。

21 在最后一个结处，加入1根柠檬色的线，在第1个环处做进位环。在每个环上做1个基础环，直至一圈的末端。

22 在第1个环处进位，在每个环上加环，直至一圈的末端（共10个环）。

23 编织6圈基础环。

24 在一圈的第1个环处进位，*减1个环，在下一个环上做基础环*。重复2次*号间的操作。在下一个环上做1个环（共7个环）。

25 编织3圈基础环。

26 重复步骤24*号间的操作（共5个环）。

27 编织2圈基础环，然后减至1个环。将针插入花芯，并把线固定在基底上。

28 将花芯插入到花萼管内，并固定到基底上。

叶子

完成后的叶子

29 用深绿色线做2个环作为管状起针。不要封闭起始的环。

30 在2个环上做直边行，直到达到叶子所需的长度，再减至1个环。

31 进入顶环（步骤31a），然后向下进入叶子左边的每个环（步骤31b）。拉紧起始环的线，将其封闭。

步骤 31a

步骤 31b

32 把线带到底部右边的环处，打一个结。做1个直线返回环，在顶环上加环（步骤32a）。做直线返回环到底部左边的环（步骤32b）。

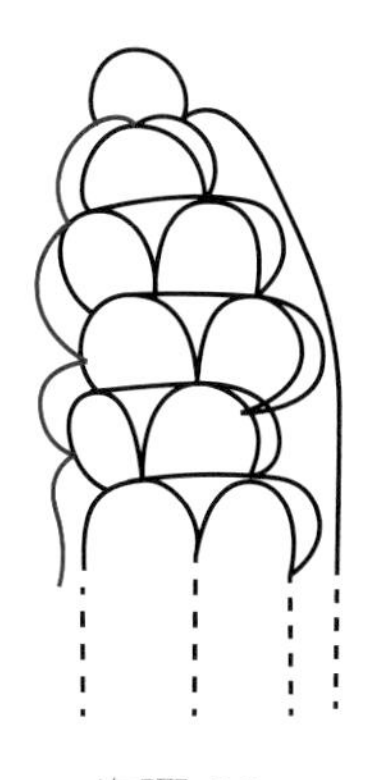

步骤 32a

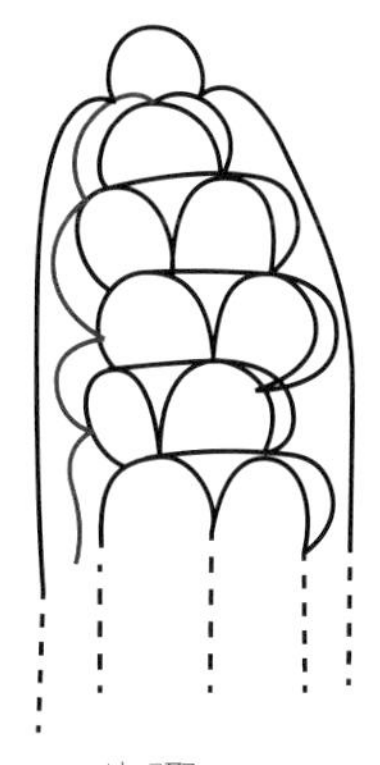

步骤 32b

注：如果做直线返回环比较困难，叶子可以用长环制作。

33 加入长细丝，从叶子左侧由下而上在每个环上做环直到顶部。在顶环上加环，从右侧在每个反向环中做环直到底部。

34 将编织线绕长细丝2圈，用双半套结固定住。把编织线和长细丝剪断，留35mm长，带到花茎处。

花、花苞和叶子的组装

35 将花秆硬线连到花和花苞上，用3股绣花线缠绕花秆。将叶子固定到花秆的端头，用绣花线缠好，并用胶固定。根据需要摆好叶子、花苞和花的位置。

传统的花和叶管

需要把芭芭拉编花接到织物上时，使用传统的叶管。

接到织物上的单朵水仙花

Ⅰ 用绿色线做1个金字塔，在金字塔顶部的单个环上做2个环作为管状起针，增加到5个环（见28页“基础五瓣花”的制作步骤1~6）。做1个直线返回环，再做1行，增加到6个环，编织5圈，形成管状。

Ⅱ 进位到第1个环，*在下一个环上做1个大环，在后2个环上各做1个基础环*。重复*间的操作。

Ⅲ 跨接到下一个大环，做2个基础环，*做13行直边行（或所需要的长度），然后减至1个环。将编织线带到叶子底部的大环，打1个结*。

Ⅳ 在后2个基础环上各做1个基础环，重复步骤38*号间的操作，完成另一片叶子。在后2个环上各做1个基础环。

Ⅴ *跨接到叶子的第1个环，加入长细丝，向上做环到叶子的顶部，在顶环上加环，再由另一侧向下做环到叶子的底部，在后2个环上各做1个基础圈*。重复2次*号间的操作。在靠近结处剪断线。

Ⅵ 按步骤1~16操作，做出一朵花。

Ⅶ 将花插入叶管中，固定到基底上。

铁线莲

线的颜色

- ❀ 绿色
- ❀ 白色
- ❀ 丁香色
- ❀ 紫色

花的式样

正面

背面

花瓣

完成后的花瓣

1 用绿色线做6个环作为管状起针，编织5圈，形成管状。在靠近结处剪断线。

2 在最后一个结处加1根白色线，在第1个环上做1个进位环。在每个环上做1个大环，一直做到这一圈的末尾（共6个大环）。

3 *【跨接到下一个大环，做1个倒金字塔，起针为3个环（步骤3a），再增加到5个环（步骤3b），减至1个环（步骤3c）。把编织线带到花瓣的最宽处】，然后带到花瓣底部的大环处（步骤3c）*。重复4次*号间的操作（5个花瓣）。

步骤 3a

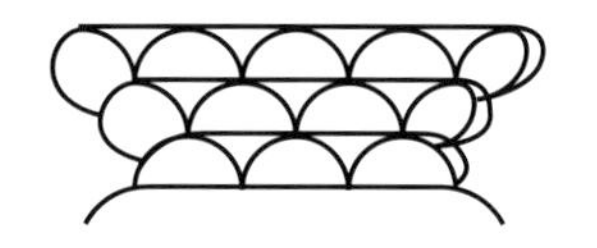

步骤 3b

步骤 3c

4 重复步骤3中“【 】”内的操作（第6个花瓣）。将第6片花瓣和第1片花瓣在最宽处连接。

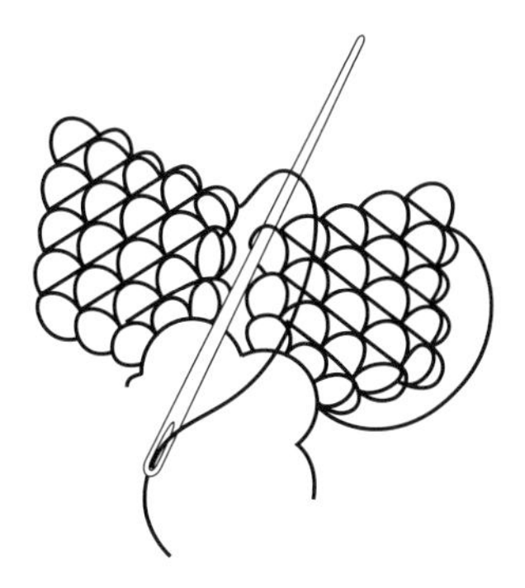

步骤 4

5 加入长细丝，*从底部开始在一侧的每个环上做环，直至花瓣的顶部。在顶环上加环，在另一侧每个环上做1个环，直至花瓣的最宽处。在最宽处再连接另一片花瓣*。重复5次*号间的操作，在靠近结处剪断线。

雄蕊外层

完成的雄蕊外层

6 用绿色线做5个环作为管状起针，编织1圈。在靠近结处剪断线，在最后一个结处加入1根丁香色线，编织4圈，形成管状。

7 在第1个环上做进位环，做1个基础环，在每个环上加1个环，直至这一圈的末尾（共10个环）。

8 编织3圈基础环。

9 在第1个环上做进位环，在每个环上做1个基础环和1个凸起环，直至这一圈的末尾（步骤9）。

步骤 9

10 在第1个环上做进位环，把线搁在一边。在最后一个结处加入1根紫色线，与丁香色线一起，在凸起环之间的下一个环上做基础环。将丁香色线放在一边。*在下一个环处做1个基础环和凸起环*。重复*号间的操作，直至这一圈的末尾（步骤10）。在靠近结处剪断线。

步骤 10

注：适当调整每圈中基础环的尺寸，以便使作品平整。

11 用丁香色线重复步骤9的操作，在靠近结处剪断线。

雄蕊内层

完成后的雄蕊内层

12 用绿色线做3个环作为管状起针，编织5圈。

13 在每个环上加1个环，直至这一圈的末尾（共6个环）。

14 用丁香色线做1圈凸起环，再用紫色线做1圈。结束工作，将线剪断。

雄蕊芯

完成后的雄蕊芯

15 用绿色线做5个环的雄蕊芯，长度和雄蕊内层相同。

花的组装

待组装的雄蕊和花瓣

16 把雄蕊芯插入内层，并固定到基底上。再插入雄蕊外层的中间，并固定到基底上。将外层插入花瓣管状部位，并固定到基底上。

半开的花

完成后的半开的花

17 按步骤1~3操作，做出第6个花瓣。

18 加入长细丝，围绕所有的花瓣做环，不剪断编织线。

19 按步骤12~14操作，做出雄蕊内层，将其插入花瓣中，固定到基底上。

20 使用白色线打个结，在顶部将4片花瓣连接到一起。再把线带到花瓣的底部，打一个结，在靠近结处剪断线。

花苞

完成后的花苞

21 用绿色线做5个环作为管状起针，编织5圈，形成管状。在靠近结处剪断线。

22 在最后一个结处加入1根白色线，在第1个环上做进位环。然后在每个环上做基础环，直至这一圈的末尾。

23 在第1个环上做进位环，在后面的每个环上加环，直至这一圈的末尾（共10个环）。编织6圈基础环。

24 在第1个环上做进位环，*减1个环，在下一个环上做基础环*。重复*号间的操作，直至这一圈的末尾（共7个环）。做3圈基础环。

25 重复步骤24中的减环操作（共5个环），做2圈基础环，然后减至1个环。将针插入花苞，将编织线固定到白色花苞的底部。

叶子

完成后的叶子

26 用绿色线做1个环作为管状起针。在这个环上，【做一个倒金字塔，起针为2个环，增至6个环（步骤26a），再减至1个环（步骤26b）。将编织线带到叶子右边底部的大环上(步骤26c)】，然后跨接到左边(步骤26d)。

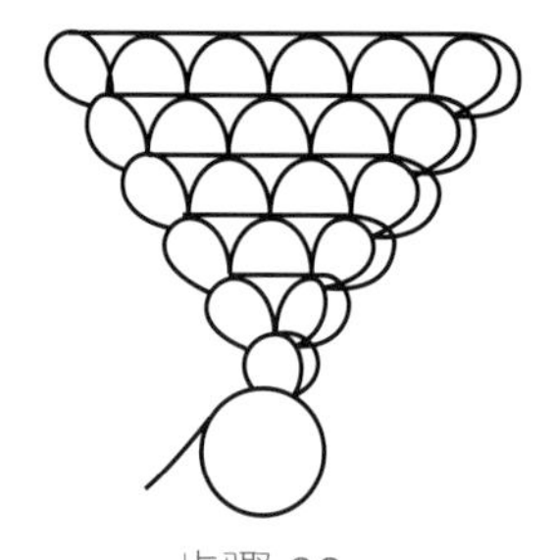

步骤 26a

步骤 26b

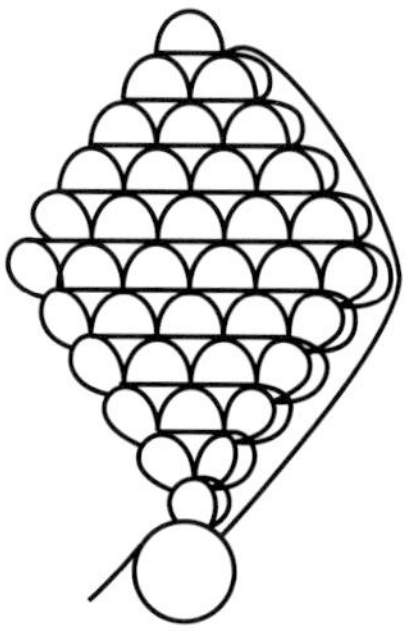

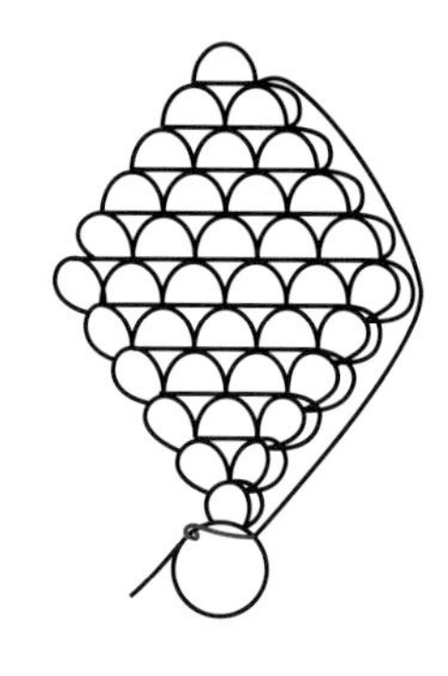

步骤 26c

步骤 26d

27【加入长细丝，从底部开始在叶子一侧每个环上做1个环，直至叶子的顶部。在顶环上加1个环，然后在另一侧每个环上做基础环，直至叶子的底部】。拉起起始线，关闭管子的起始端。将编织线绕在长细丝上，用半套结固定。留出一段长细丝和编织线，一起用来包缠叶杆。

花、花苞和叶子的组装

28 将花秆硬线缠到花、花苞和一些叶子上。用长细丝将一两片叶子连接到花秆硬线上。用3股绣花线缠绕花秆捆成一束，将线头打2个半套结，并用胶粘住。然后再按喜好摆放叶子、花苞和花。

传统的花和叶管

需要把芭芭拉编花接到织物上时，使用传统的叶管。

接到织物上的单朵铁线莲

Ⅰ 用绿色线做1个金字塔，在金字塔顶部的单个环上做3个环作为管状起针，增加到5个环（见28页“基础五瓣花”的制作步骤1~6）。做1个直线返回环，再做1行，加到6个环，编织5圈，形成管状。

Ⅱ 在第1个环上进位，*在下一个环上做1个大环，在后2个基础环上做1个基础环*，重复*号间的操作。

Ⅲ *重复步骤26中“【 】”内的操作，跨接到下一个基础环，在下一个环上做1个基础环*。重复*号间的操作（2片叶子）。

Ⅳ *跨接到下一片叶子的基底上。重复步骤27中“【 】”内的操作，跨接到下一个环*。重复*号间的操作。在靠近结处剪断线。

Ⅴ 按步骤1~16操作，做出一朵花。

Ⅵ 将花管插入叶管中，并固定到基底上。

倒挂金钟

线的颜色

- ❀ 深绿色
- ❀ 绿色
- ❀ 浅粉色
- ❀ 深粉色
- ❀ 中粉色
- ❀ 白色

花的式样

正面

背面

花萼

完成后的花萼

1 用绿色线做4个环作为管状起针。编织4圈形成管状。在靠近结处剪断线，在最后一个结处加入1根浅粉色线。

2 在每个环上加环，直至这一圈末尾（共8个环）。再编织8圈，形成长管状。

注：加的环的尺寸要比通常做加环时小。下一圈环稍大，以便形成钟的式样。

3 减至4个环，在第1个环上做进位环，在每个环上做1个大环，直至该圈末尾（共4个大环）。

4 跨接到第1个大环，做3个环（步骤4a），做一个倒金字塔，增加到5个环（步骤4b）。做3行直边行（步骤4c），减至4个环，做3行直边行（步骤4d）。减至3个环，做2行直边行（步骤4e）。减至2个环，做1行直边行（步骤4f）。减至1个环，然后把线带到萼片的底部（步骤4g）。

步骤 4a

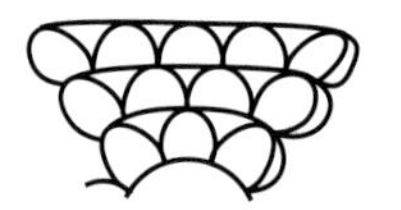

步骤 4b

步骤 4c

步骤 4d

步骤 4e

步骤 4f

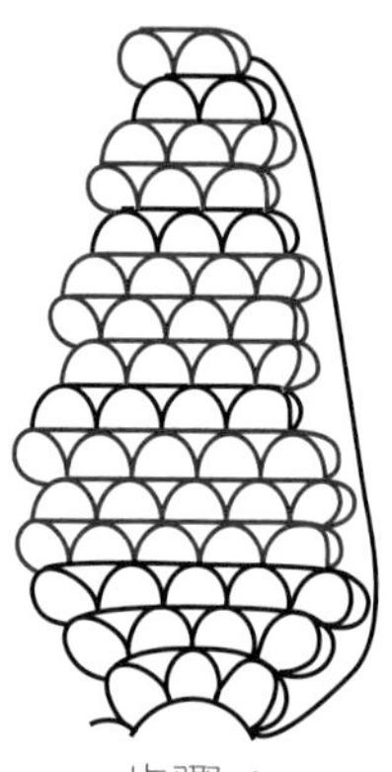

步骤 4g

5　在后面3个大环上重复步骤4的操作，做出另外3个萼片。

6　*跨接到下一个萼片基底的跨接环上，加入钓鱼线或细白线，在萼片的左边向上做15个环，进入顶环，做1个环，再加1个环。顺着萼片的右边向下做16个环*。重复3次*号间的操作，在靠近结处剪断线。

花瓣

完成后的花瓣

7 用绿色线做4个环作为管状起针。编织3圈形成管状。在靠近结处剪断线，在上一个结处加入1根浅粉色线。再编织8圈形成细长的管状，在靠近结处剪断线。

8 在上一个结处加入1根深粉色线。做1圈基础环。

9 在第1个环上做进位环，在4个基础环上各做1个大环（共4个大环）。

10 跨接到第1个大环做一个倒金字塔，起始为3个环，再加到8个环（步骤10a）。减至2个环（步骤10b）。将编织线带到花瓣的最宽处，打1个结，然后回到花瓣底部的那个环，打1个结（步骤10c）。

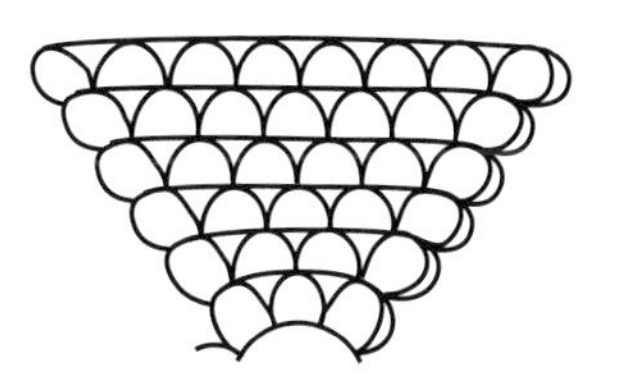

步骤 10a

步骤 10b

步骤 10c

11 在后3个大环上重复步骤10的操作，再做3个花瓣。

缝在一起成杯子状的花瓣

12 跨接到花瓣之间的跨接环，加入长细丝，围绕花瓣做环，将花瓣叠加，形成杯子状。

注：如果使用硬的长细丝，就能支撑住杯子形状。如果使用钓鱼线或其他不够硬挺的线，就需要将花瓣缝在一起定位固形。

花柱

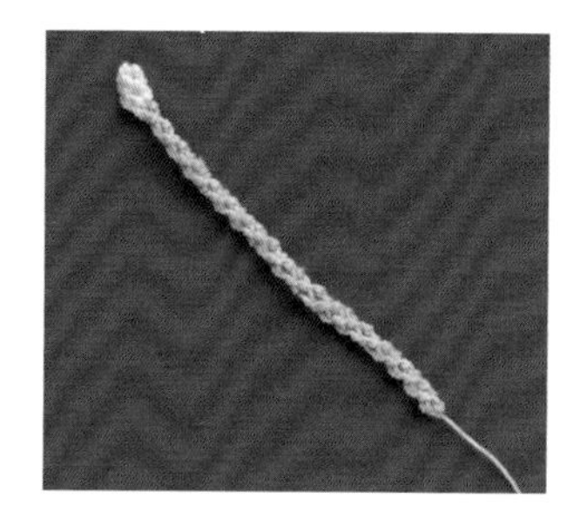

完成后的花柱

13 用中粉色线做2个环作为管状起针，形成1个大约50mm的细长管。在靠近结处剪断线。在最后一个结处加1根线，增加到4个环。在这4个环上面编织3圈，然后减至1个环。将线从顶部穿到基底固定，在靠近结处剪断线。

雄蕊

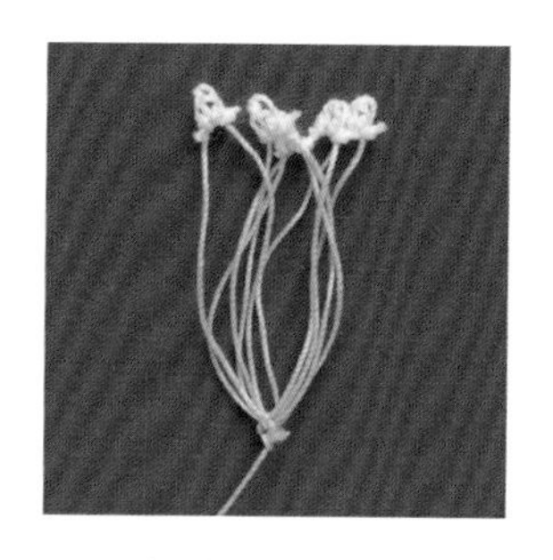

完成后的雄蕊

14 用中粉色线做5个大约45mm长的环，用白色线在每个环的顶部做凸起环。在靠近结处剪断线，把结拉到正确的位置。

花的组装

待组装的雄蕊、花柱、花瓣和花萼

15 将雄蕊插入花瓣内管中，固定在基底上。将花柱插入雄蕊中，让雄蕊围绕花柱，固定到基底上。将花瓣在花萼的管中固定。

叶子

完成后的叶子

16 使用绿色线做2个环作为管状起针。*在这2个环上做1个倒金字塔，加环到6个环（步骤16a）。做2行直边行（步骤16b），再减至1个环（步骤16c）*。将线带到管状起始环（步骤16d），拉紧起始线，关闭环。将线系住固定。

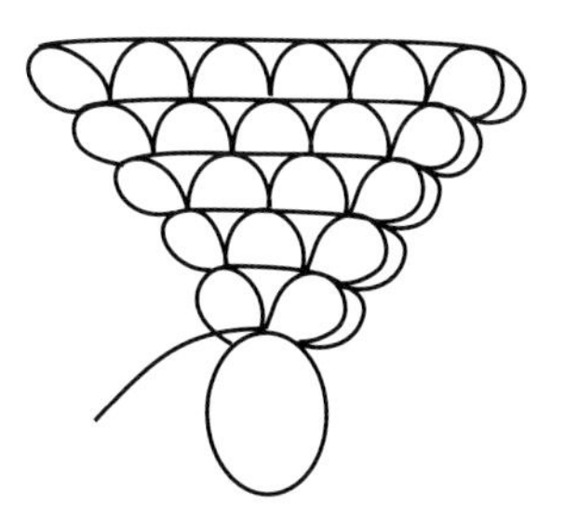

步骤 16a

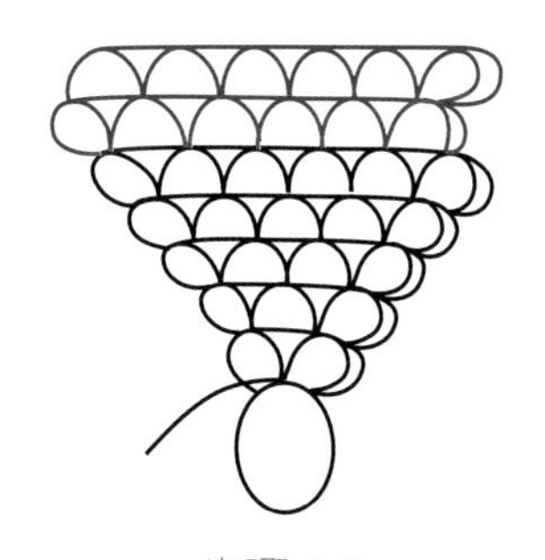

步骤 16b

步骤 16c

步骤 16d

17 加入长细丝，从叶子的左边向上做环，在顶环上加1个环，再沿叶子的右边向下做环。将编织线绕着长细丝，打2个半套结。用1股深绿色绣花线，从叶子的顶部至底部做一条叶脉线（步骤17）。

步骤 17

注：可以用长细丝给叶子包边到叶秆线上。

18 重复步骤16和17，根据需要做更多的叶子。

花苞

完成后的花苞

19 使用绿色线做2个环作为管状起针。编织2圈形成管状。

20 在第1个环上做进位环，在后2个环上加环至5个环。在这5个环上编织3圈。

21 在第1个环上做进位环，然后在后面的每个环上加环，直至一圈的末尾（共10个环）。做4圈基础环。

22 在第1个环上做进位环，减环至5个环，再编织5圈。

23 减至1个环，将针从花苞的顶部插入，固定到管状部位的底部。

半开的花

完成后的半开的花

半开的花的花芯

24 开始做花芯，用绿色线做4个环作为管状起针，编织2圈。在靠近结处剪断线，在最后一个结处加入浅粉色线，再编织5圈，形成管状。

25 在第1个环处做进位环，在靠近结处剪断线，在最后一个结处加入深粉色线，在后面的每一个环上加1个环（共8个环）。在这8个环上编织3圈。

26 在第1个环上做进位环（在下一个环上做1个基础环，并加1个环。在后3个环上各做1个基础环），操作两次（共10个环）。在这10个环上编织4圈。

27 在第1个环上做进位环，减至5个环，再在这5个环上编织2圈。

28 减至剩下1个环，将针从顶部插入，并将线固定到管子的底部。

完成后的半开的花的花瓣

29 开始做花瓣，用绿色线做4个环作为管状起针，编织4圈，形成管状。剪断绿色线，在最后一个结处加入1根浅粉色线，再编织7圈。

30 在第1个环上做进位环，在每个环上做1个大环，直至这一圈的末尾（共4个大环）。

31 跨接到下一个大环做一个倒金字塔，起始为2个环，增加到5个环。做1行直边行（步骤31a）。减至4个环，做1行直边行（步骤31b）。减至3个环，做1行直边行（步骤31c）。减至2个环，做1行直边行（步骤31d）。减至1个环，将编织线带到最宽处，然后到达花萼底部的大环（步骤31e）。

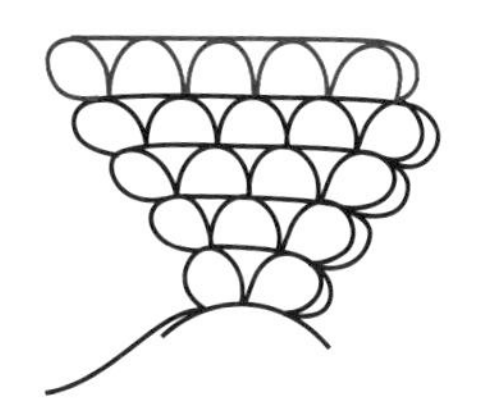

步骤 31a

步骤 31b

步骤 31c

步骤 31d

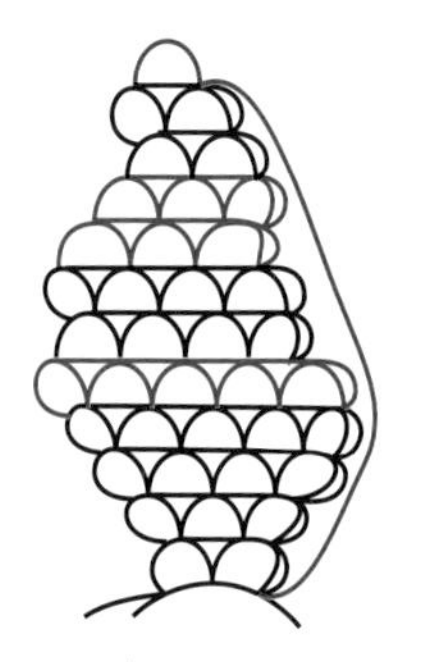
步骤 31e

32 在后面的3个大环上重复步骤31的操作，在靠近结处剪断线。

33 在最后一个结处加入1根绿色线，*和长细丝一起跨接到花萼之间的跨接环。沿花萼的左边向上做环，在顶环上加1个环。沿花萼的右边向下做环，直至最后一个环*。重复3次*号间的操作，在靠近结处剪断线。

34 将未开的花的花芯插入花瓣管中，固定到基底上。按需要摆放花萼。

花朵、花苞和叶子的组装

35 将长细丝连接到花朵和花苞上，根据需要使用长细丝将叶子缠到花杆上。用3股绣花线缠绕花杆捆成一束，用几个半套结和少量胶把端头固定。根据需要摆放花朵和花苞。

传统的花和叶管

需要把芭芭拉编花接到织物上时，使用传统的叶管。

接到织物上的单朵倒挂金钟花

I 用绿色线做1个金字塔，在顶环上做1个反向环（见28页“基础五瓣花”的制作步骤1~4）。在顶环的左边做1个环，在这个环上再做1个反向环和2个基础环。按步骤16*号间的内容操作，做出一片叶子（步骤Ⅰa）。将线带到叶子左边的最宽处，然后再到叶子底部的单个环（步骤Ⅰb）。沿叶子左边向上做环，在顶环加1个环，再沿叶子的右边向下做环（步骤Ⅰc）。

步骤 Ⅰa

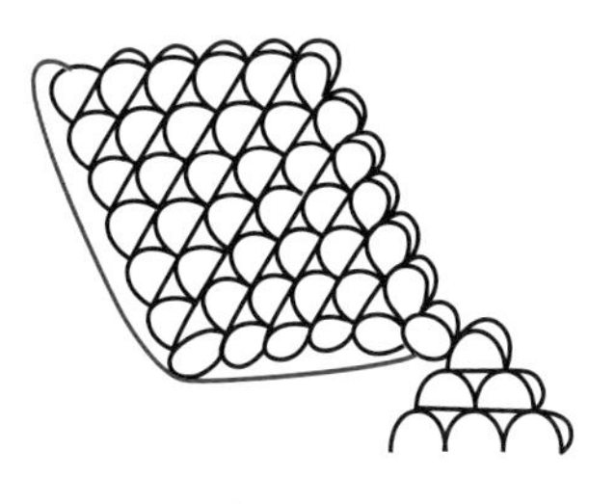

步骤 Ⅰb

步骤 Ⅰc

Ⅱ 在金字塔顶部的单环上做3个环，在最后一个环上做1个反向环，按步骤16*号间的内容操作，做出另一片叶子。

Ⅲ 在两片叶子中间剩下的环上加入1根绿色线，做一个倒金字塔，起始为2个环，加到4个环。将第一个环和最后一个环接到一起，编织4圈，形成管状。在靠近结处剪断线。

Ⅳ 在最后一个结处加入1根粉色线，按步骤2~14操作，做出一朵花。将花柱和雄蕊插入花瓣，固定到基底上。将花瓣插入花萼管中，固定到基底上。

白菊花

线的颜色

- ❀ 绿色
- ❀ 白色
- ❀ 黄色

花的式样

菊花的正面

菊花的背面

外层花瓣

完成后的外层花瓣

1 用绿色线做5个环作为管状起针，编织5圈，形成管状。在靠近结处剪断线。

2 在最后一个结处，加入1根白色线，做1圈基础环。

3 在第1个环上做进位环，在后面的每个环上做1个大环，直至这一圈的末尾（共5个大环）。

4 *跨接到下一个大环，做1个倒金字塔，起始为3个环，增加到5个环。将编织线带到花瓣底部做的大环*。重复3次*号间的操作（共4个花瓣基底）。

5 做第5个花瓣基底，将编织线跨接到第1个花瓣基底的最宽处，把它们连接在一起。

步骤 5

6 在第1个花瓣基底上的第1个和第2个环上做环。【在这2个环上做6行直边行，再减至1个环。进入顶环，沿花瓣的右边做环，直至花瓣基底的环处】。

步骤 6

7 在第3个和第4个环上做环，重复步骤6中“【 】”内的操作。

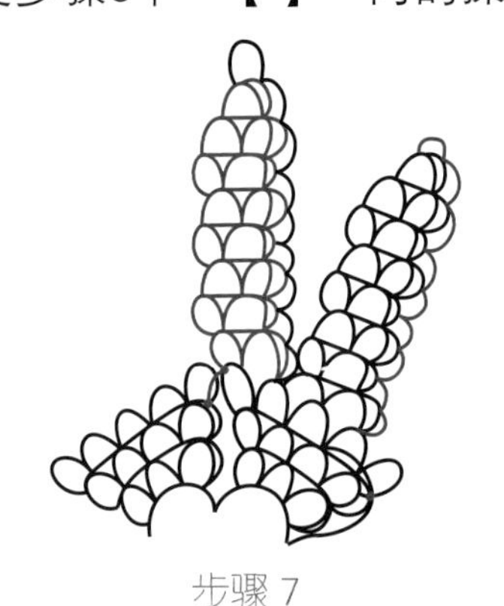

步骤 7

8 在第5个环上做1个基础环，再加1个圈。重复步骤6中“【 】”内的操作。在最宽处将第1个花瓣的基底和第2个花瓣的基底连接在一起。

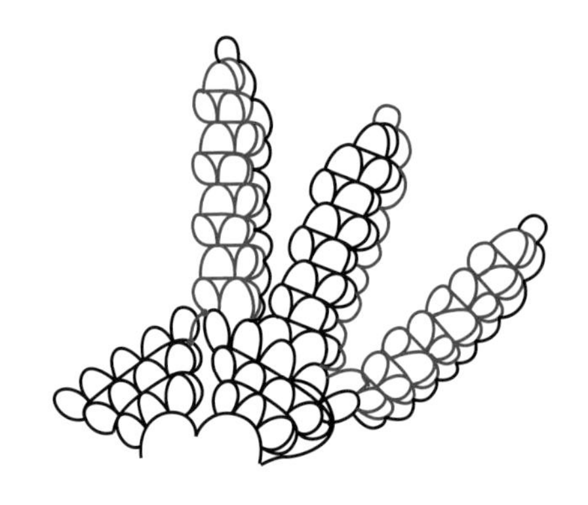

步骤 8

9 重复4次步骤6~8的操作，结束后，在靠近结处剪断线。

内层花瓣

完成后的内层花瓣

10 用绿色线做4个环作为管状起针，编织5圈，形成管状。在靠近结处剪断线。

11 在最后一个结处加入1根白色线，重复步骤2和3。做4个花瓣基底，并按外层花瓣的方式做4组长花瓣。

雄蕊

完成后的雄蕊

雄蕊外层

12 用黄色线做5个环作为管状起针。编织4圈，形成管状。

13 在每个环上加1个环，直至这一圈的末尾（共10个环）。

14 做1圈基础环。

15 在第1个环上做进位环，在每个环上做1个基础环和1个凸起环，直至这一圈的末尾。

步骤 15

16 在第1个环上做进位环，*在下一个环上做1个基础环和1个凸起环*。重复*号间的操作，直至这一圈的末尾。

步骤 16

17 重复步骤16，在靠近结处剪断线（共3圈凸起环）。

注：每圈要适当调整基础环的尺寸，以便使作品保持平整。

雄蕊中层

18 用黄色线做4个环作为管状起针。编织3圈，形成管状。

19 每个环上加1个环，直至这一圈的末尾（共8个环）。

20 重复步骤14和15。结束后，在靠近结处剪断线。

雄蕊内层

21 用黄色线做3个环作为管状起针，编织3圈。在每个环上做1个基础环和1个凸起环。在靠近结处剪断线。

花的组装

22 将雄蕊内层插入雄蕊中层，再插入雄蕊外层，并固定。将雄蕊插入内层花瓣管，并牢牢地固定到基底上。将内层花瓣插入外层花瓣，并固定到基底上。

待组装的花瓣和雄蕊

花苞

完成后的花苞：外层紧紧地包着内层

花苞内层

23 先开始做花苞内层，使用绿色线做5个环作为管状起针，编织4圈，形成管状。在靠近结处剪断线。

24 在最后一个结处加入1根白色线，在第1个环上做进位环，在每个环上加1个环，直至这一圈的末尾（共10个环）。

25 编织5圈基础环。

26 在第1个环上做进位环。减至5个环，在这5个环上编织2圈。

27 减至1个环，将针从花苞的顶部穿入，固定到基底上。

完成后的花苞外层

28 开始做花苞外层，使用绿色线做4个环作为管状起针，编织5圈，形成管状。将线在靠近结处剪断。

29 在最后一个结处加入1根白线。做1圈基础环。

30 在第1个环上做进位环，然后在每个环上做1个大环，直至这一圈的末尾（共4个大环）。

31 *在下一个大环上做4个基础环*，重复*号间的操作，直至这一圈的末尾。

32 在第1个环上做进位环，*在后2个环上各做1个基础环，重复步骤6中“【 】”内的操作*。重复*号中的操作，直至这一圈的末尾（共8片花瓣）。不要剪断编织线。

33 将花苞内层插入花苞外层的管中，固定到基底。将编织线带到第1片花瓣的顶部，将所有的花瓣在顶部连接到一起。将编织线带回到花瓣的底部，打结，在靠近结处将线剪断。

叶子

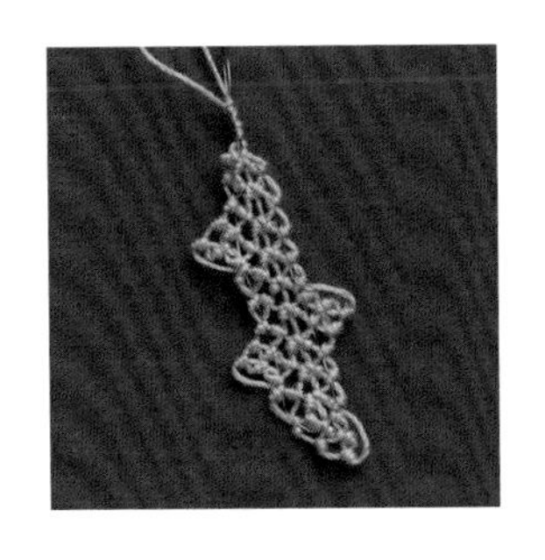

完成后的叶子

34 在管状起针处，做1条9个环的打结链（步骤34a）。沿打结链的左边向下做环，直至管状起针处（步骤34b）。

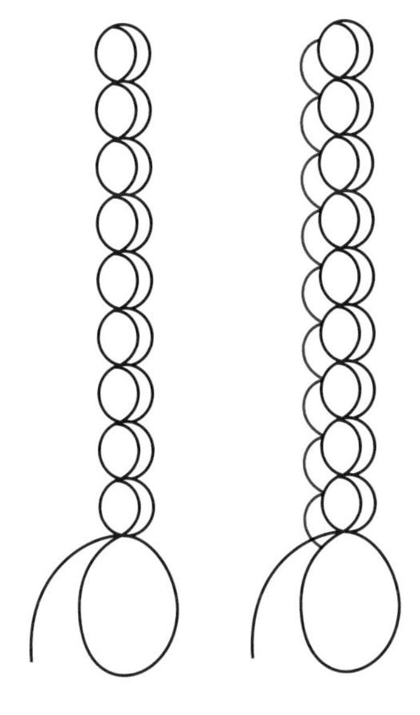

步骤 34a　　步骤 34b

35 *加入1根串珠长细丝，从管状起针处沿左侧向上在头4个环上各做1个环。将长细丝线搁在一边，直线返回到第3个环，然后减至1个环。进入顶环，把编织线带到金字塔的底部*。重复*号间的操作。

36 加入1根长细丝，在后3个环上各做1个环（步骤36a）。将长细丝搁在一边，做一个金字塔（步骤36b）。从叶子的右边向下做4个环，做一个金字塔（步骤36c）。向下做环至管状起针处。拉起始线，关闭起始环。用编织线绕长细丝3圈，打2个半套结（步骤36d）。

步骤 36b

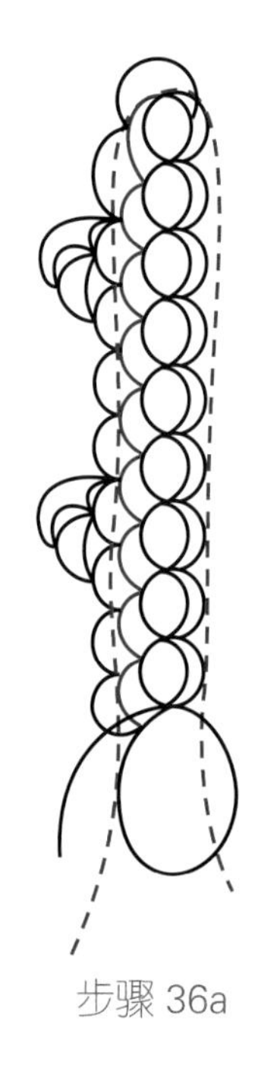

步骤 36a

步骤 36c

步骤 36d

注：在做多片叶子时，金字塔要相互错开。

花朵、花苞和叶子的组装

37 将花秆硬线接到花朵和花苞处，使用长细丝，根据需要将叶子连接到花秆上。用3股绣花线连到花朵或花苞的管状部位，包裹花秆，直至硬线的结尾。端头用半套结和胶固定，根据需要摆放花朵和花苞。

注：为了固定花瓣，可以喷些无味的发胶来定型。

传统的花和叶管

需要把芭芭拉编花接到织物上时，使用传统的叶管。

接到织物上的单朵菊花

I 用绿色线做1个金字塔，在顶环上做1个反向环（见28页“基础五瓣花”的制作步骤1~4）。在顶环的左边做1个环，在这个环上做1条8个环的打结链。重复步骤34~36，做出一片叶子。在顶环上做3个环，在第3

个环中做另一片叶子，在靠近结处剪断线。

Ⅱ 在叶子之间2个圈的第1个环上，加入1根绿色线，做1个倒金字塔，加至5个环。将第1个环和第5个环合起来，编织4圈，形成管状。

Ⅲ 按步骤2~21操作，做出一朵花。

Ⅳ 组装雄蕊，将其插入内层花瓣的管中，并固定到基底。将内层花瓣插入叶子之间外层花瓣管中，固定到基底上。

康乃馨

线的颜色

❀ 绿色

❀ 红色

花的式样

正面

背面

花萼

完成后的花萼

1 用绿色线做5个环作为管状起针，编织5圈，形成管状。

2 在第1个环上做进位环，在每个环内加1个环，直至这一圈的末尾（共10个环）。

3 编织2圈基础环。

4 在第1个环上做进位环，*在后面的2个环上各做1个环，在2个环的第1个环上做直线返回环（步骤4a），减至1个环（步骤4b），在顶环上做1个返回环和3个小环，直至底部（步骤4c）*。重复*号间的操作，直至这一圈的末尾（共5个金字塔）。在靠近结处剪断线。

步骤 4a

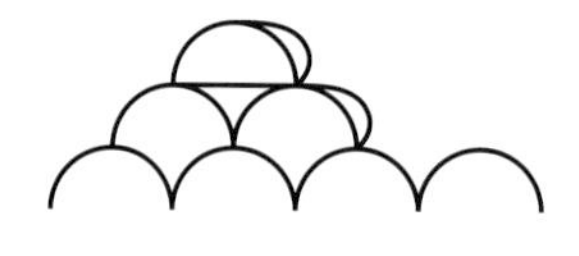

步骤 4b

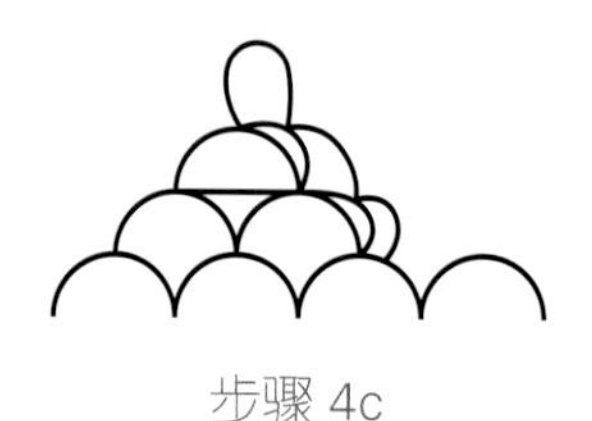

步骤 4c

外层花瓣

花瓣的每一瓣都由3个裂片构成

5 用绿色线做5个环作为管状起针，编织1圈，剪断线。在最后一个结处加入1根红色线。编织4圈，形成管状。

6 在第1个环上做进位环，在每个环上做1个大环，直至这一圈的末尾（共5个大环）。

7 跨接到下一个大环，做1个倒金字塔，起始为3个环，增加到5个环。

8 进入第1个环，做1个直线返回环，再加1个环。在下一个环上做1个基础环。再减至1个环，将编织线带至金字塔的底部（步骤8a）。在接下来的2个环上各做1个基础环，再做第2个金字塔（步骤8b）。

步骤 8a

步骤 8b

9 在最后1个环上做1个基础环，再加1个环。做1个金字塔。将编织线带到花瓣的最宽处，进入底部的大环。

步骤 9

完成后的外层花瓣（5瓣）

10 重复4次步骤7~9，再做出4片花瓣（共5片花瓣）。

中层花瓣

完成后的中层花瓣（4瓣）

11 用绿色线做4个环作为管状起针，编织1圈，剪断线。在最后一个结处加入1根红线，编织3圈。在第1个环处做进位环，在每个环上做1个大环，直至这一圈的末尾（共4个大环）。*跨接到下一个大环，重复步骤7~9，做出一片花瓣*。重复3次*号间的操作(共4片花瓣)。

内层花瓣（共2组）

完成后的内层花瓣（3瓣）

12 用绿色线做3个环作为管状起针，编织1圈，剪断线。在最后一个结处加入1根红色线，编织3圈。在第1个环做进位环，在后面的每个环上做1个大环，直至这一圈的末尾（共3个大环）。*跨接到下一个大环上，重复步骤7~9，做出一片花瓣*。重复2次*号间的操作（共3片花瓣）。

重复这一步骤，做出第二组花瓣。

花的组装

待组装的花萼和4层花瓣

13 将1组3瓣的内层花瓣插入另一组内层花瓣的管中，固定到基底上。将其插入4瓣的中层花瓣的管中，固定到基底上。再插入到5瓣的外层花瓣的管中，固定到基底上。再插入花萼中，固定到基底上。

注：要让各层花瓣错位，不要对齐。

花苞

完成后的花苞

完成后的花萼

14 做1个花萼，用绿色线做5个环作为管状起针，编织6圈，形成管状。

15 在第1个环处做进位环，*在下一个环处做1个环。在这个环的顶部做1个直线返回环，或做1个反向环（步骤15a）。然后做2个小环至基底（步骤15b）*。重复*号间的操作，直至这一圈的末尾（共5个金字塔）。在靠近结处剪断线。

步骤 15a

步骤 15b

完成后的花苞内层

16 制作花苞内层，使用绿色线做5个环作为管状起针。编织4圈，形成管状。

17 在每个环上加1个环，直至这一圈的末尾（共10个环）。

18 编织4圈基础环。

19 在第1个环上做进位环，*将针插到2个环中，减1个环，打1个结*。重复*号间的操作，直至这一圈的末尾。减至5个环。

20 编织2圈基础环。

21 减至1个环，将针从花苞的顶部插入，将编织线固定到花苞的基底。

花苞的组装

22 将内层插入花萼中，固定到基底。

叶子

叶子是成对做的，做7对

23 用绿色线做4个环作为管状起针，编织2圈，形成管状。

24 在下一个环上做进位环，*做1条8个环的打结链（即在同1个环上，打1个反向结，再做1个基础环）。跳过1个环，在每个环上做1个环，直至打结链的第1个环。

25 做1个直线返回环，并在顶环中做1个基础环（步骤25a）。在第1个环上做1个直线返回环（步骤25b）。

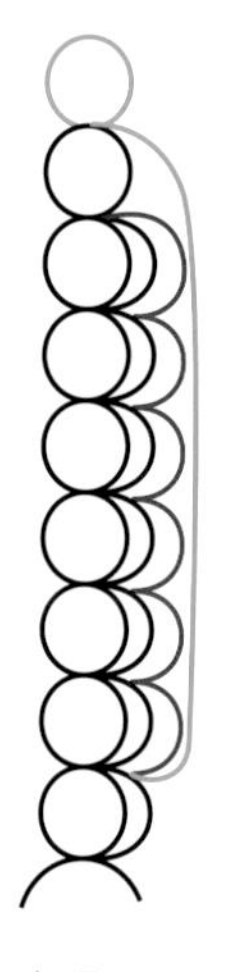

步骤 25a

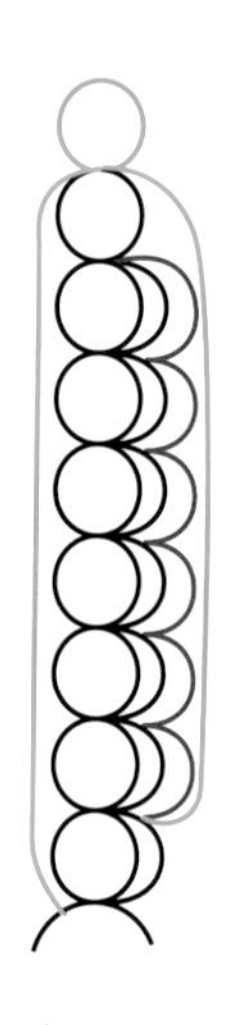

步骤 25b

注：如果做直线返回环比较困难，叶子可以用长环制作。

26 加入长细丝，在每个环上做1个基础环，直至叶子的顶部。在顶环上加1个环，在每个环上做基础环，直至叶子的底部（步骤26）*。

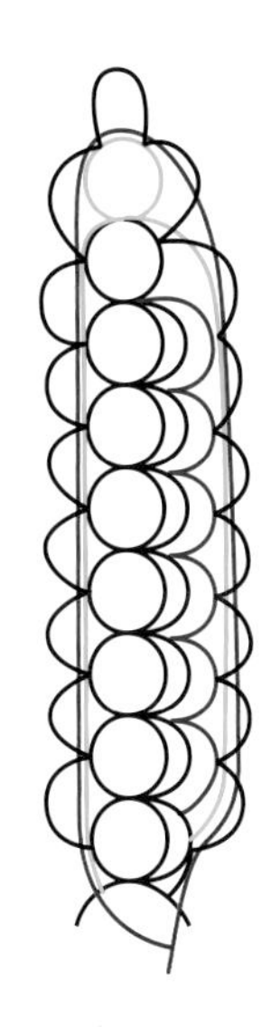

步骤 26

27 加入长细丝，在叶子的底部做环。跨接到下一个环，在下一个环上做基础环。把长细丝放到一边。

28 重复步骤24*号至步骤26*号之间的操作（包括步骤25），做出另一片叶子。再加入长细丝，在叶子底部的环上做环。跨接到下一个环，在下一个环中做基础环。将编织线和长细丝通过茎管的中心固定到底部。留出约50mm长的长细丝，用于把叶子固定到花秆上。

花朵、花苞和叶子的组装

29 将长细丝插入花朵的花萼管中，固定好。用长细丝将花苞固定在花秆上。再将花秆和其他线头插入叶管中，并用长细丝将其固定。先从花苞秆开始，用3股绣花线将花萼在花秆上缠好。用绣花线包裹线头和长细丝。用几个半套结固定花苞上的绣花线，并将线头穿过叶管。将3股绣花线带到花萼的底部，缠绕花秆，直至下面的叶管处。*在将绣花线穿过叶管之前，要打2个半套结固定。继续缠绕花秆*，直至达到下一个叶管。重复*号间的操作，用2个半套结和胶将线头固定到花秆的端部。

传统的花和叶管

需要把芭芭拉编花接到织物上时，使用传统的叶管。

接到织物上的单朵康乃馨

Ⅰ 用绿色线做1个金字塔，在金字塔的顶环上做2个环的管状起针，增加到5个（见28页“基础五瓣花”的制作步骤1~6）。做1个直线返回环，编织1行，增加到6个环。编织5圈，形成管状。

Ⅱ 按步骤24~26操作，做出1片或2片叶子。

注：如果你愿意，可以不用长细丝。

Ⅲ 按步骤5~13操作，做出一朵花。

Ⅳ 将花管插入叶管固定，在靠近结处剪断线。

第四章

澳大利亚野花

野茶树花

线的颜色

- ❀ 绿色
- ❀ 浅粉色
- ❀ 酒红色

花的式样

正面

背面

花瓣

完成后的花瓣

1 用绿色线做5个环作为管状起针，编织4圈，形成管状。在靠近结处剪断线。

2 在最后一个结处，加入1根酒红色线，做1圈基础环。

3 在第1个环上做进位环，在每个环上做1个大环（共5个环），在靠近结处剪断线。

4 在最后一个结处加入1根浅粉色线，*跨接到下一个大环。做1个倒金字塔，起始为3个环，增加到6个环（步骤4a）。然后减至3个环（步骤4b）。将编织线带至花瓣的最宽处，再到大环（步骤4c）*。重复4次*号间的操作（共5片花瓣）。

步骤 4a

步骤 4b

步骤 4c

5 加入长细丝，*跨接到花瓣之间的跨接环，围绕花瓣在每个环上做环*。重复4次*号间的操作，在靠近结处剪断线。

雄蕊

完成后的雄蕊环

6 用绿色线做5个环作为管状起针，编织1圈，在靠近结处剪断线。

7 在最后一个结处加入酒红色的线，编织4圈，形成管状。

8 在第1个环上做进位环。*在下一个环上做1个基础环和1个凸起环*。重复4次*号间的操作，在靠近结处剪断线（步骤8）。

步骤 8

9 在最后一个结处加入1根白色线，*在下一个环处做1个基础环和2个长饰边环*。重复4次*号间的操作（步骤9），在靠近结处剪断线。

步骤 9

注：白色跨接环的大小和正常的环一样大，位于酒红色凸起环的后面。

花柱

完成后的花柱

10 用浅粉色线做3个环做管状起针，编织5行，形成管状。减至1个环，将针从管内穿出来，线打结固定到基底上。

花的组装

待组装的花柱、雄蕊和花瓣

11 将浅粉色花柱插入雄蕊管中，固定在基底上。将雄蕊管插入到花瓣的管中，并固定到基底上。

叶子

完成后的叶子

12 用绿色线做1个环作为管状起针，做1条4个环的打结链（步骤12a）。顺着打结链的右边向下做3个环，直至大环（步骤12b）。将大环拉紧，用平结固定线头（步骤12c）。

步骤 12a

步骤 12b

步骤 12c

花苞

完成后的花苞

完成后的花萼

13 开始做花萼，用绿色线做5个环作为管状起针，编织5圈，形成管状。

14 做1圈稍大的环。

15 在第1个环上做进位环。*在下一个环处做1个环，在这个环的顶部做1个反向环（步骤15a）。然后做2个小环至底部（步骤15b）*。重复*号间的操作，直至这一圈的末尾（共5个金字塔）。在靠近结处剪断线。

步骤 15a

步骤 15b

完成后的花苞外层

16 开始做花苞外层，使用绿色线做5个环作为管状起针，编织1圈。将线剪断。在最后一个结处加入酒红色线。做4圈基础环，形成管状。

17 在第1个环上做进位环，每个环上加1个环，直至这一圈的末尾（共10个环）。

18 编织2圈基础环。

19 在第1个环上做进位环，*在后面2个环上各做1个环，在2个环的第1个环上做1个直线返回环（步骤19a）。减至1个环（步骤19b），做1个返回环至顶环，做3个小环至底部（步骤19c）*。重复*号间的操作，至一圈的末尾。不要剪断编织线，因为还要用它连接花瓣。

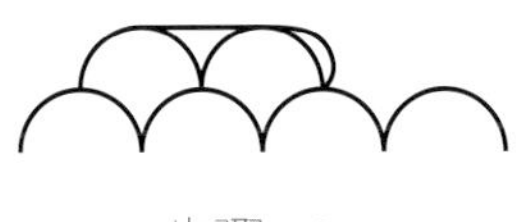

步骤 19a

步骤 19b

步骤 19c

完成的花苞内层

20 开始做花苞内层，用粉色线做5个环作为管状起针，编织3圈。

21 在每个环上加1个环，直至这一圈的末尾（共10个环）。

22 编织2圈基础环。

23 在第1个环上做进位环。*将针插入2个环中，减至1个环，打1个结*。重复*号间的操作，直至一圈的末尾。减至5个环。

24 减至只剩下1个环，将针从顶部插入，将编织线固定到底部。

花苞的组装

待组装的花苞内层、花苞外层、花萼

25 将花苞内层插入花苞外层管状部位，使用酒红色线把花苞外层在顶部连接在一起。将线穿过花苞，固定在基底上。

26 将花苞外层管状部位插入花萼管状部位，固定到基底上。

花朵、花苞和叶子的组装

27 将花秆硬线连到花朵和花苞上。使用细线将叶子缠到花秆上，用3股绣花线缠裹花秆。线头用胶粘住固定。根据需要摆放叶子、花苞和花朵的位置。

传统的花和叶管

需要把芭芭拉编花接到织物上时，使用传统的叶管。

接到织物上的单朵茶花

Ⅰ 用绿色线做1个金字塔，在金字塔顶部的单个环上做2个环作为管状起针，增加至5个环。编织5圈形成管状（见28页“基础五瓣花”的制作步骤1~7）。

Ⅱ 在第1个环上做进位环，按步骤12操作，做出所需数量的单片叶片。

Ⅲ 按步骤1~11操作，做出一朵花。

Ⅳ 将花插入叶管中固定。

皇家风铃草

线的颜色

- ❀ 深绿色
- ❀ 绿色
- ❀ 蓝紫色
- ❀ 浅粉色
- ❀ 紫色

花的式样

正面

反面

花萼

完成后的花萼

1 用绿色线做5个环作为管状起针，编织4圈，形成管状。

2 在第1个环上做进位环，在每个环上加1个环（共10个环）。

3 编织1圈基础环。

4 在本圈的第1个环上做进位环，*在后2个环上各做1个环，做1个直线返回环，进入2个环中的第1个环（步骤4a）。减至1个环（步骤4b），再做1个直线返回环。做3个小环至基底（步骤4c）*。重复*号间的操作，直至末尾（共5个金字塔）。在靠近结处剪断线。

步骤 4a

步骤 4b

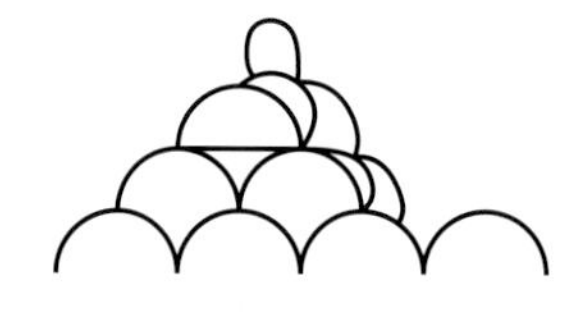

步骤 4c

花瓣

完成后的花瓣

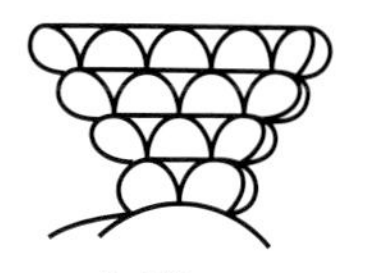
步骤 8a

步骤 8b

步骤 8c

步骤 8d

步骤 8e

5 用绿色线做5个环作为管状起针，编织1圈，在靠近结处剪断线。

6 在最后一个结处加入1根蓝紫色线，编织4圈基础环。

7 在第1个环上做进位环，在每个环上做1个大环，直至一圈的末尾（共5个大环）。

8 *跨接到下一个大环，做1片花瓣，开始为2个环，增加至5个环（步骤8a），做3行直边行（步骤8b），减至4个环，做1行直边行（步骤8c）。减至3个环，做1行直边行（步骤8d）。减至2个环，做1行直边行（步骤8e）。减至1个环。把线带到花瓣的最宽处，然后带到底部的大环（步骤8f）*。重复4次*号间的操作。

步骤 8f

9 *跨接到花瓣之间的跨接环，加入长细丝，沿花瓣的左边向上在每个环上做1个环，在顶环上加1个环。然后再沿花瓣的右边向下做环*。重复4次*号间的操作。在靠近结处剪断线。

10 用紫色线在花瓣上绣出脉络。

花柱

完成后的花柱

11 用紫色线做3个环作为管状起针，编织12圈，形成管状。在靠近结处剪断线。

12 在最后一个结处加入1根浅粉色线，*跨接到下一个环，做1个凸起环，在下一个环上做1个环*。重复*号间的操作。在靠近结处剪断线。

花的组装

待组装的花柱和花瓣

13 将花柱管插入花瓣管固定，将花瓣管插入花萼管，固定在基底上。

花苞

完成后的花苞

14 先做花萼，按步骤1、2和4操作。

完成后的花苞内层

15 开始做花苞内层，先用绿色线做5个环作为管状起针，编织4圈，形成管状。在靠近结处剪断线。

16 在最后一个结处，加入1根蓝紫色线。在第1个环上做进位环，在每个环上做基础环，直至一圈的末尾。

17 在第1个环上做进位环，在后面每个环上加环，直至一圈的末尾（共10个环）。

18 编织3圈基础环。

19 在第1个环上做进位环，*将2个环合并变成1个环，在下一个环上做基础环*。重复2次*号间的操作。在下一个环上做基础环（共7个环）。

20 编织1圈基础环。

21 重复步骤19*号间的操作，直至只剩1个环。将针从顶部插入，经过中心，固定到基底上。将花苞内层插入到花萼中，固定到基底上。

叶子

完成后的叶子

22 用绿色线做1条2个环的打结链（步骤22a）作为管状起针。【增加到2个环，做3行直边行（步骤22b）；增加到3个环，做3行直边行（步骤22c）；增加到4个环，做3行直边行（步骤22d）。减至2个环，将编织线顺着叶子的左边拉下，在靠近起始环的地方打个结（步骤22e）】。

步骤 22a

步骤 22b

步骤 22c

步骤 22d

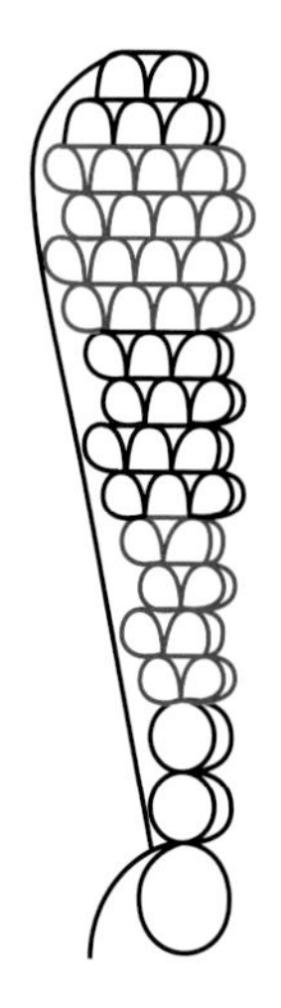

步骤 22e

23 【加入长细丝，围绕叶子的外边做环，拉紧起始线，将环关闭。长细丝留出55mm，用来连接叶子】。

24 用深绿色线在叶子上绣出叶脉。

绣好叶脉的1片叶子

注：重复步骤22~24，做出所需数量的叶子。如105页图片所示，做了5片叶子。

花、花苞和叶子的组装

25 在花和花苞上连接花秆硬线，用3股绣花线包裹花秆。用长细丝固定叶子。将叶子一起固定到花秆的基底上。用绣花线缠裹，用半套结将线头固定，并用胶粘住。

传统的花和叶管

需要把芭芭拉编花接到织物上时，使用传统的叶管。

接到织物上的单朵风铃草

Ⅰ 用绿色线做1个金字塔（见28页“基础五瓣花”的制作步骤1~4）。在金字塔顶环的左边做1个基础环，重复步骤22和23中“【 】”内的操作，做出1片叶子。

Ⅱ 在金字塔顶环的中心做2个环，增加至5个环。编织5圈，形成管状。

Ⅲ 按步骤2~4操作，做出花萼。

Ⅳ 在顶环的右边加入1根绿色线，做1个环。按步骤22~23操作，做出第2片叶子。

Ⅴ 按步骤5~10操作，做出一朵花。

Ⅵ 将花插入叶管，固定到基底上。

虞美人

线的颜色

- ❀ 绿色
- ❀ 柠檬黄色
- ❀ 浅黄色
- ❀ 金黄色

花的式样

正面

背面

花瓣

完成后的花瓣

1 用绿色线做6个环作为管状起针，编织4圈，形成管状。在靠近结处剪断线。

2 在最后一个结处，加入1根浅黄色线，做1圈基础环。

3 在第1个环处做进位环，在每个环上做1个大环。直至一圈的末尾（共6个环）。

4 跨接至下一个大环，做一个圆形的花瓣，起始为3个环，增加至6个环（步骤4a）。然后减至3个环（步骤4b）。将编织线带至花瓣的最宽处，然后至大圈（步骤4c）。重复5次*号间的操作（共6片花瓣）。

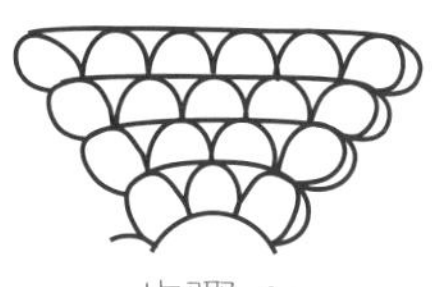

步骤 4a

步骤 4b

步骤 4c

5 加入长细丝，*跨接至花瓣之间的跨接环，围绕花瓣在每个环上做环*。重复5次*号间的操作。

雄蕊外层

完成后的雄蕊外层

6 用绿色线做5个环作为管状起针，编织1圈。在靠近结处剪断线。

7 在结处加入1根黄色线，编织3圈，形成管状。

8 在每个环上加1个环，直至一圈的末尾（共10个环）。

9 编织1圈基础环。

10 在第1个环上做进位环，在每个环上做1个基础环和1个凸起环，直至一圈的末尾（共10个凸起环）（步骤10）。

步骤 10

11 重复步骤10，在靠近结处剪断线（步骤11）。

步骤 11

雄蕊内层

雄蕊内层

12 用金黄色线做10个长度相等的雄蕊环，作为雄蕊内层。环的周长大约为25mm。

花的组装

待组装的花瓣和雄蕊

13 将10个环的雄蕊内层插入雄蕊外层，固定在基底上。再插入花瓣管中，固定到基底上。

叶子

完成后的3片叶子

14 用绿色线做3个环作为管状起针，编织1圈。

15 跨接至下一个环，做1条8个环的打结链（即打1个反向结，在同1个环上再做1个基础环）。跳过1个环，从第2个环开始顺着右侧自上而下，在每个环上做1个环，直至打结链的第1个环（步骤15）。

步骤 15

16 做1个直线返回环，在顶环上做1个基础环，再直线返回至第1个环。

步骤 16

注：如果做直线返回环比较困难，叶子可以用长环制作。

17 加入长细丝，在每个环上做基础环，直至叶子的顶部。在顶环加针，在每个环上做1个基础环，直至叶子的基底处（步骤17）。将长细丝放在一边。

步骤 17

18 重复2次步骤15~17的操作，完成3片叶子。

19 跨接到第1个跨接环。将针穿过管状部位的底部，固定在基底上。把长细丝的一头插入管状部位的中心，留出大约55mm，连接到花杆上。

花和叶子的组装

20 将花杆硬线插入花萼管，然后通过叶管的中心。用长细丝将叶子固定到花杆上。

注：虞美人的叶子要靠近花杆的底部。

21 用3股绣花线缠绕花杆，用2个半套结将线头系住，在线头上涂点胶固定。

传统的花和叶管

需要把芭芭拉编花接到织物上时，使用传统的叶管。

接到织物上的单朵虞美人

I 用绿色线做金字塔，在金字塔顶部的单个环上做3个环作为管状起针，增加至5个环（见28页“基础五瓣花”的制作步骤1~6）。做1个直线返回环，编织1行，增加到6个环。编织5圈，形成管状。

II *不加长细丝，按步骤15~17操作。跨接到下一个基础环*。重复*号间的操作，再做2片叶子。

III 按步骤1~13操作，做出一朵花。将花插入叶管中，固定到管子的底部。

法兰绒花

线的颜色

❀ 白色

❀ 灰褐色

花的式样

正面

背面

花瓣

完成后的花瓣

1 用灰褐色线做5个环作为管状起针，编织5圈，形成管状。

2 在第1个环上做进位环，在每个环上加环，直至一圈的末尾。在靠近结处剪断线（共10个环）。

3 在最后一个结处加入1根白色线，编织2圈基础环。

4 在第1个环上做进位环，然后在每个环上做1个大环，直至一圈的末尾（共10个圈）。

5 *跨接到下一个大环，做1个倒金字塔，起始为2个环，增加到3个环（步骤5a）。在3个环上做4行直边行（步骤5b）。减至2个环，做2行直边行（步骤5c）。将编织线带到花瓣底部的大环（步骤5d）*。重复9次*号间的操作（共10片花瓣）。跨接至花瓣间的跨接环。

步骤 5a

步骤 5b

步骤 5c

6 *加入长细丝，跨接至第1个花瓣的基底，沿花瓣的左边向上做7个环（步骤6a）。跳过2个环，将线和长细丝带至顶环的右边（步骤6b），沿花瓣的右边向下做7个环。跨接至花瓣之间的跨接环（步骤6c）*。重复9次*号间的操作，在靠近结处剪断线。

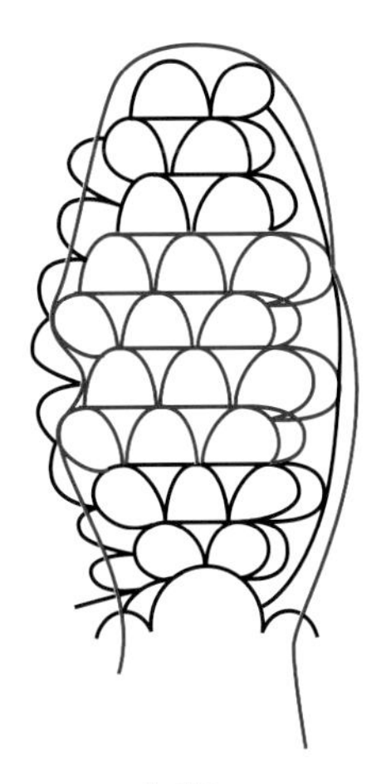

步骤 6a

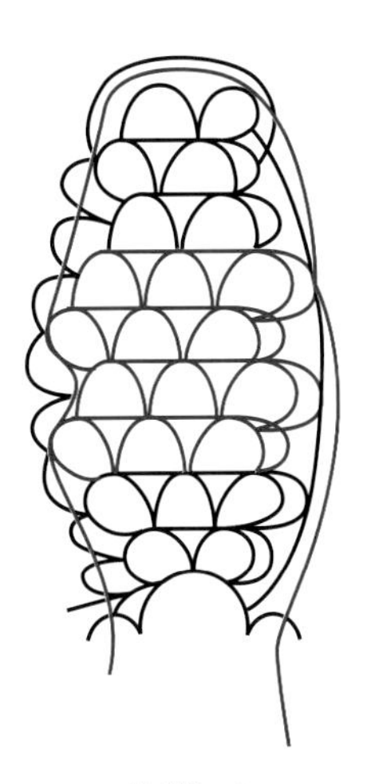

步骤 6b

步骤 6c

7　将叶子翻过来，加入白色线和长细丝，在右边的第1个环中加入灰褐色线（步骤7a），顺着右边编织（步骤7b），用线尾做2个基础环（步骤7c）。直线返回至第1个环，减至1个圈。跳过顶部的环，在左边顶部的白色环上做直线返回环（步骤7d）。在顶部的单个环上做环，再加1个环。在右边的下一个环上做环，并在右边顶部的白色环上做1个环（步骤7e）。结束，剪断线。

步骤 7a

步骤 7b

步骤 7c

步骤 7d

步骤 7e

注：要把结藏在花瓣的边缘，将线放至环的后面再剪断。

8　重复步骤7，做出其余的9片花瓣。

雄蕊外层

完成后的雄蕊外层

9　用灰褐色线做4个环作为管状起针，编织4圈，形成管状。

10　在第1个环处做进位环，在每个环上加1个环，直至一圈的末尾（共8个环）。

11　编织1圈基础环。

12　在第1个环上做1个进位环和1个凸起环，在每个环上做1个基础环和1个凸起环，直至一圈的末尾（步骤12）。

步骤 12

13　重复2次步骤12（共3圈凸起环），在靠近结处剪断线。

注：每圈的基础环要适当调整尺寸，以便使雄蕊显得平整。

雄蕊内层

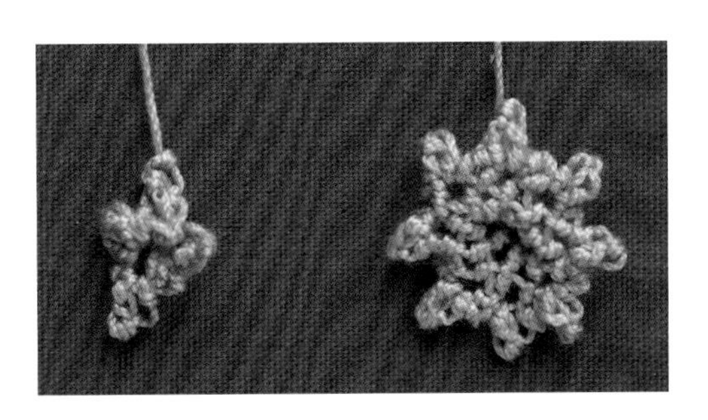

完成的雄蕊内层

14　用灰褐色线做3个环作为管状起针，编织3圈，形成管状。

15 在每个环上加1个环，直至一圈的末尾（共6个环）。编织1圈基础环。

16 重复步骤12，在靠近结处剪断线。

17 用灰褐色线做2个环作为管状起针，编织3圈，形成管状。在每个环上，包括进位环，做1个基础环和1个凸起环。在靠近结处剪断线。

花的组装

待组装的雄蕊和花瓣

18 将最小的雄蕊管插入中等的雄蕊管，固定到基底上。将中等的雄蕊管插入到雄蕊外层的管中，固定到基底上。将雄蕊管插入到花管内，固定到基底上。

花苞

完成后的花苞

完成后的花苞内层

19 开始做花苞内层，使用灰褐色线做5个环作为管状起针，编织4圈，形成管状。

20 在第1个环上做进位环，在每个环内加1个环，直至一圈的末尾（共10个环）。

21 编织4圈基础环。

22 减至5个环，再编织1圈。

23 减至1个环，将针通过环，在管的底部打一个结，在基底上固定。在靠近结处剪断线。

完成后的花苞外层

步骤 28a

步骤 28b

步骤 28c

24 开始做花苞外层的花萼管，使用灰褐色线做5个环作为管状起针，编织5圈，形成管状。

25 在第1个环上做进位环，在每个圈上加环，直至一圈的末尾（共10个环）。

26 在第1个环上做进位环，编织1圈基础环，在靠近结处剪断线。

27 做花苞外层的花瓣，在最后一个结处加入1根白色线，在每个环上做1个大环，直至一圈的末尾（共10个环）。

28 *跨接至下一个大环，做2个环。做6行直边行，做1片长花瓣（步骤28a），减至1个环（步骤28b）。跳过1个环，在花瓣的右边做直线返回环，再进入大环（步骤28c）*。重复9次*号间的操作（共10片花瓣），在靠近结处剪断线。

花苞的组装

29 将花苞内层插入花苞外层花瓣的花萼管中，固定到基底上（步骤29）。

步骤 29

30 在花瓣的顶环上加入1根灰褐色线，把所有的花瓣一片一片地用小环连在一起，在小环上做一圈环。减环，直至顶部只剩下1个环。在最后1个环上做1个反向环，将编织线穿过花苞，并剪断（步骤30）。

步骤 30

叶子

完成后的叶子

31 做1个环作为起始环，不要收紧。在单环上做2个环，形成一条3个环的打结链（步骤31a）。*在最后那个环的反向环上做1个倒金字塔，起始为2个环（步骤31b），然后增加至5个环。减至1个环（步骤31c），将编织线跳过顶环，顺着左边向下，在叶子的最宽处打个结，进入打结链上第3个环（步骤31d）*。

步骤 31a

步骤 31b

步骤 31c

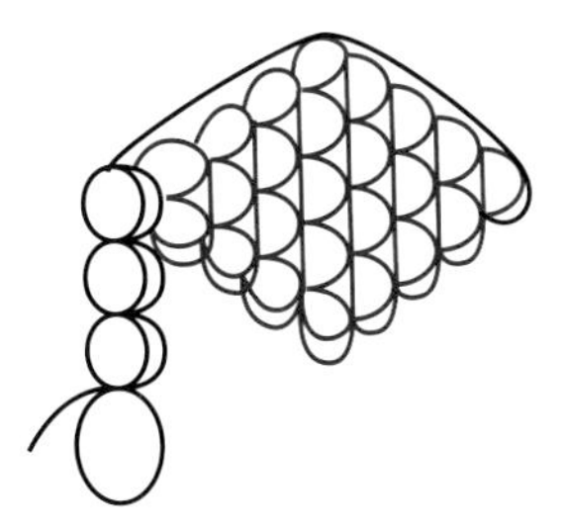

步骤 31d

32 再做一条3个环的打结链（步骤32a），重复步骤31中*号间的操作，做出第2片叶子（步骤32b）。

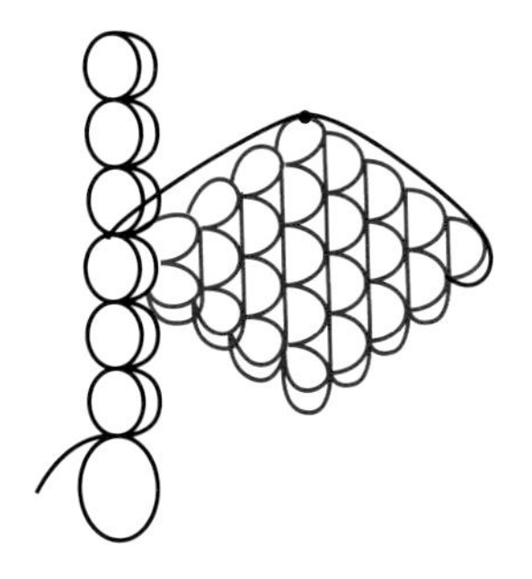

步骤 32a

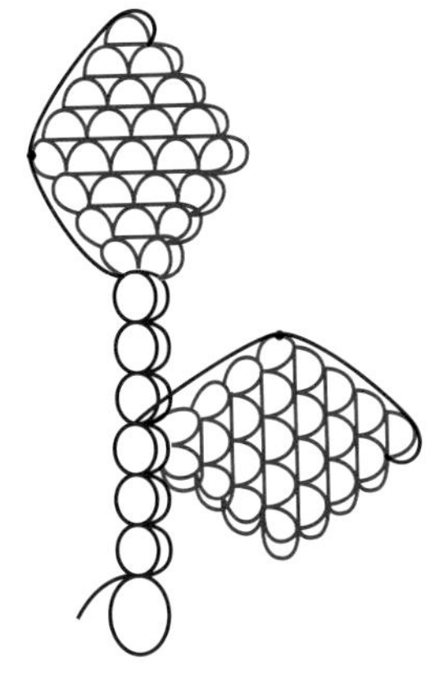

步骤 32b

33 转动织件，顺着打结链的左边向下，在下面的3个环上各做1个环（步骤33a）。转动织件，在最后一个结处的同一个环上做出第3片叶子（步骤33b）。再转动织件，在打结链的底部做环，再将织件转至右边。

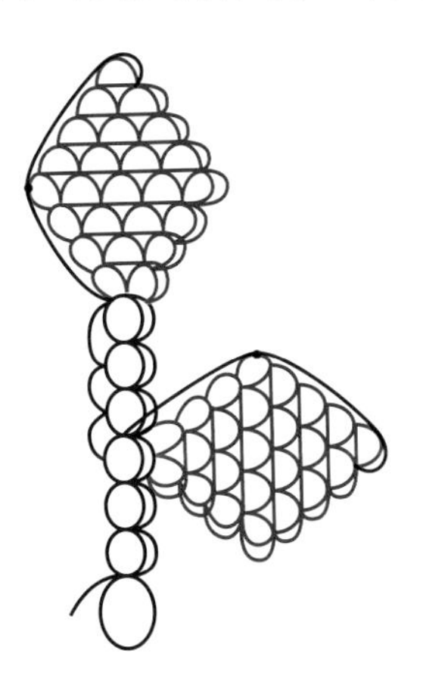

步骤 33a

步骤 33b

34 加入长细丝，在叶茎上做环，并围绕每片叶子做环，直至底部的大环。拉尾部的线，收紧小环，将长细丝和编织线缠绕3次，用半套结固定。

步骤 34

35 重复2次步骤31~34，再做出2组同样的叶片。

花、花苞和叶子的组装

36 将花秆硬线连到花和花苞上，用3股绣花线将两根花秆缠绕在一起。使用长细丝把叶片固定在花秆上，继续用绣花线包裹花秆，用2或3个半套结收尾，用胶固定端头。

传统的花和叶管

需要把芭芭拉编花接到织物上时，使用传统的叶管。

接到织物上的单朵法兰绒花

I 用灰褐色线做1个金字塔，在金字塔顶部的单个环上做3个环作为管状起针，增加至5个环（见28页“基础五瓣花”的制作步骤1~6）。做1个直线返回环，编织1行，增加至6个环。把环连接起来，形成一个圈，编织5圈，形成管状。

Ⅱ 在第1个环上做进位环，在进位环上按步骤31~34操作，做出1个叶片织片。在靠近结处剪断线。

Ⅲ 按步骤1~18操作，做出一朵花。将花插入叶管，固定在基底上。

库克敦兰花

线的颜色

- ❀ 绿色
- ❀ 深绿色
- ❀ 粉色
- ❀ 酒红色

花的式样

正面

背面

花

按照说明，做出2朵花。

外层花瓣

完成后的外层花瓣

1 用粉色线做5个环作为管状起针，编织4圈基础环，形成管状。

2 在第1个环上做进位环，*在下一个环上做1个大环，再在下一个基础环上做基础环*。重复2次*间的操作。在下一个基础环上做1个大环。

3 跨接至下一个大环，做3个基础环。做1个倒金字塔，起始为3个环，增加至5个环（步骤3a）。减至4个环，做2行直边行（步骤3b）；减至3个环，做2行直边行（步骤3c）；减至2个环，做1行直边行（步骤3d）。减至1个环。把编织线带至大环（步骤3e），跨接至下一个环。

步骤 3a

步骤 3b

步骤 3c

步骤 3d

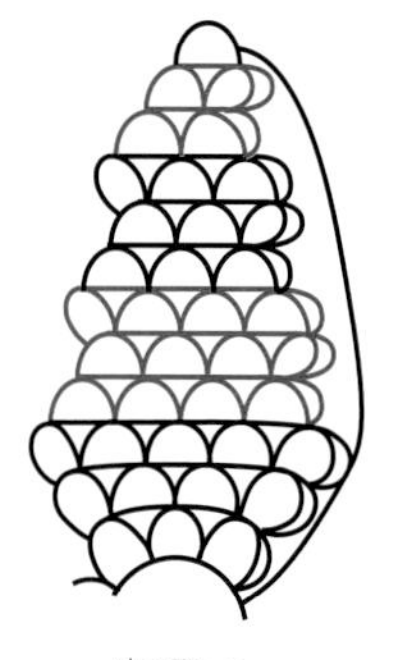

步骤 3e

4 重复2次步骤3，再做出2片花瓣。

5 *跨接至下一个跨接环，加入长细丝，在每个环上做基础环，直至花瓣的顶部。在顶环上加1个环，顺着大环的右边向下做环*。重复2次*号间的操作。

内层花瓣

完成后的内层花瓣

6 用粉色线做5个环作为管状起针，编织4圈基础环，形成管状。

7 在第1个环上做进位环，在下一个环上做1个大环，在后2个基础环上做基础环。在下一个环上做1个大环，再在下一个环上做基础环。

8 跨接至下一个大环，做1个倒金字塔，起始为3个环，增至8个环。

9 *做2行直边行，然后做1个金字塔，直至剩2个环*。做1行直边行，减至1个环。将编织线带至花瓣的最宽处，然后再带至花瓣基底的大环处（步骤9）。

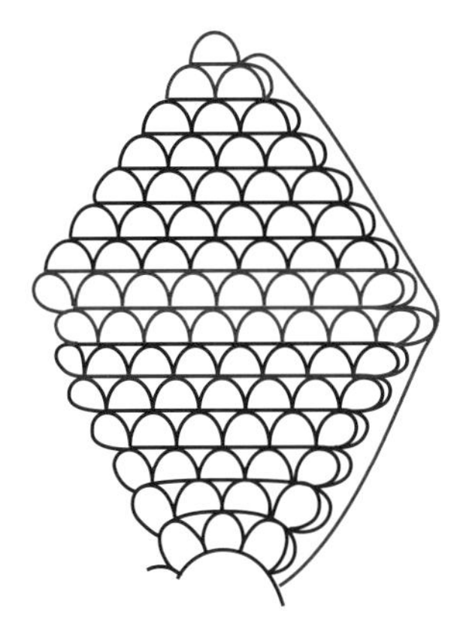

步骤 9

10 跨接至下一个环，在下一个环上做基础环。

11 重复步骤8~10，做出第2片花瓣。

12 *跨接至下一个跨接环，加入长细丝。在每个环上做环，直至花瓣的顶部。在顶环上加环，在另一侧环上做环直至花瓣底部的大环*。重复*号间的操作，在靠近结处剪断线。

喇叭

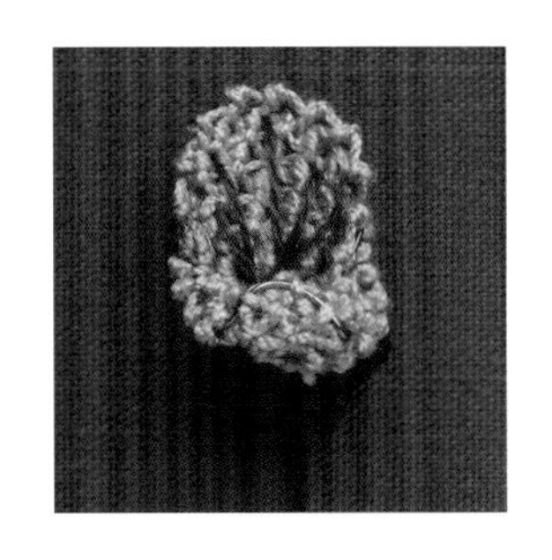

完成后的喇叭

13 用酒红色线做5个环作为管状起针，编织2圈，形成管状。

14 在第1个环上做进位环，在每个环上加1个环，直至一圈的末尾（10个环）。编织1圈基础环，在靠近结处剪断线。

15 在最后一个结处加入1根粉色线，做2圈基础环。在第1个环上做进位环，在后面的4个基础环上各做1个基础环。在进位环上做1个直线返回环（步骤15a），在后3个环上各做1个基础环。在最后1个环上做1个基础环并加1个环，做成5个环（步骤15b）。做1个金字塔，减至2个环，将编织线带至金字塔的底部（15c）。

步骤 15a

步骤 15b

步骤 15c

16 在后5个基础环上各做1个基础环。做1个直线返回环至第3个环（步骤16a）。做1个金字塔，减至1个环（步骤16b）。将编织线带至金字塔的底部，在下一个环上做1个基础环。

步骤 16a

步骤 16b

17 跨接至下一个环，加入长细丝，围绕管状部位做基础环。

18 用酒红色线在大金字塔上绣出脉络（见完成的喇叭图）。

花的组装

待组装的部件

19 将喇叭的各边捏在一起，类似数字“8”的形状。将金字塔的顶部和底部向下弯曲，将喇叭插入内层花瓣中，较大的金字塔在下方，水平固定到内层花瓣的底部。将内层花瓣插入外层花瓣的管中，水平固定到外层花瓣的底部。3片外层花瓣中的1片在顶部，2片在两边。

大花苞

20 做内层花瓣的第6~8行，然后重复步骤9*号间的操作，减至1个环。

21 *在顶环中做环，将花瓣对折到一起（步骤21a），将叶子的两部分用结连接到一起。在花苞的底部做环（步骤21b）*。跨接至下一个环。在下一个环上做基础环，重复步骤8，并完成步骤9中的操作。做出第2片花苞花瓣。重复步骤21*号间的操作，完成花苞（步骤21c），在靠近结处剪断线。

步骤 21a

步骤 21b

步骤 21c

小花苞

完成后的小花苞

22 用粉色线做5个环作为管状起针，编织3圈，形成管状。

23 在第1个环上做进位环，在每个环上加1个环，做出10个环。在这10个环上编织4圈。

24 在第1个圈上做进位环，*将针插入2个环中，打一个结*。重复*号间的操作，直至一圈的末尾，减至5个环，在这5个环上编织2圈。

25 在每一圈减环，直至剩下1个环。将针从顶部插入，并将花苞固定到管状部位的底部。

大叶管

做2个大叶管。

完成后的大叶管

26 用绿色线做5个环作为管状起针，编织10圈，形成管状。

27 在第1个环上做进位环，*在下一个环上做1个基础环，并加1个环，在后面的2个基础环上各做1个基础环*。重复*号间的操作（共7个环）。

28 编织3圈基础环。

29 在第1个环上做进位环，*在下一个环上做1个基础环，再加1个环。在后3个基础环上各做1个基础环*。重复*号间的操作（共9个环）。

30 编织3圈基础环。

31 在每个环上做1个小环和1个饰边小环，直至一圈的末尾。在靠近结处剪断线。

小叶管

完成后的小叶管

32 用绿色线做5个环作为管状起针，编织7圈，形成管状。重复步骤27~31，完成小叶管的制作。

叶子

完成后的叶子

33 用绿色线做5个环作为管状起针，编织7圈，形成管状。

34 在第1个环上做进位环，*在下一个环上做1个大环，再在下一个基础环上做基础环*。重复2次*号间的操作。在最后一个基础环上再做1个大环。

35 跨接到下一个大环，做1个倒金字塔，起始为2个环，增加到5个环。在这5个环上做4行直边行（步骤35a）。在下一行增加至6个环，在这6个环上做3行直边行（步骤35b）。减至4个环，在这4个环上做3行直边行（步骤35c）。

步骤 35a

步骤 35b

步骤 35c

36 减至3个环，在这3个环上做2行直边行（步骤36a）。减至2个环，在这2个环上做1行直边行（步骤36b）。减至1个环，把编织线带至叶子底部的大环（步骤36c）。

步骤 36a

步骤 36b

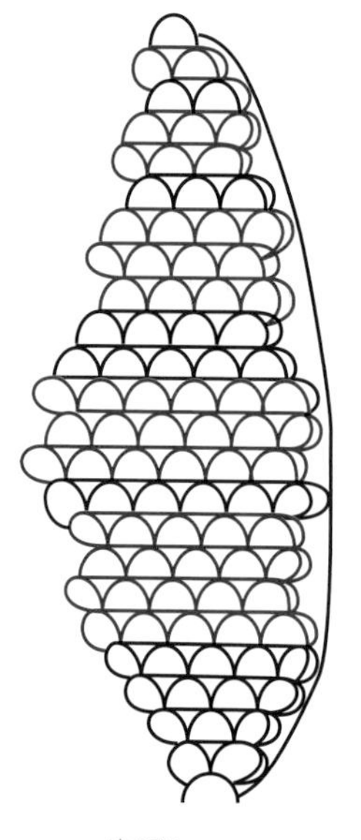

步骤 36c

37 在下一个环上做1个基础环，重复2次步骤35和36，再做出2片叶子。

38 *跨接至下一个跨接环，加入长细丝，顺着一侧在每一个环上做基础环，直至叶子的顶部。在顶环上加1个环，顺着另一侧在每个环上做基础环，直至叶子底部的大环*。跨接至下一个环。重复2次*号间的操作，在靠近结处剪断线。

39 用深绿色的绣花线在叶子上绣出叶脉。

叶子的组装

待组装的叶管和叶子

40 将叶子插入小叶管内固定。将小叶管插入第1个大叶管中固定，然后再插入第2个大叶管中固定。

花、花苞和叶子的组装

41 将一根花秆硬线连在小花苞上，做成花秆。将花秆的另一端插入大花苞管中。用花上的长细丝将花固定到花秆上。把3股绣花线连在另一个小花苞的底部，将小花苞固定在花秆上，并与大花苞接触。用2个半套结将绣花线固定，并将线穿入花苞管。继续缠绕花秆，将花的长细丝固定至花秆的一端。将绣花线用2个半套结固定到花秆的末端，并用胶固定。胶干后，将花秆插入大叶管，用针线和胶固定。

传统的花和叶管

需要把芭芭拉编花接到织物上时，使用传统的叶管。

接到织物上的单朵兰花

A 用绿色线做1个金字塔，在金字塔顶部的单个环上做3个环作为管状起针，增加至5个环。编织5圈，形成管状（见28页“基础五瓣花”的制作步骤1~7）。

B 按步骤27~31操作，完成管状部位的制作。

C 用绿色线做5个环作为管状起针，编织7圈，形成管状。

D 做进位环，*在下一个圈上做1个大环，再在下一个基础环上做1个基础环*。重复*号间的操作，在下一个基础环上做1个环。

E 按步骤35和36操作，再做2片叶子。再做环，直至一圈的末尾。

F *跨接到下一个跨接环，加入长细丝，在每个环上做基础环，直至叶子的顶部。在顶环上加1个环，然后在每个环上做基础环，直至叶子底部的大环*。重复*号间的操作，做环至一圈的末尾，在靠近结处剪断线。

G 按步骤1~19操作，做出一朵花。

H 将花插入叶管，固定在基底上。将叶管插入基底的管中，固定到基底上。

流苏百合

线的颜色

- ❀ 绿色
- ❀ 浅绿色
- ❀ 紫色
- ❀ 丁香色

花的式样

正面

背面

外层花瓣

完成后的外层花瓣

1 用绿色线做5个环作为管状起针，编织4圈，形成管状。在靠近结处剪断线。

2 在最后一个结处加入1根紫色线，在下一个环上做进位环。*在下一个环上做1个大环，再在下一个基础环上做1个基础环*。重复2次*号间的操作。在进位环上做1个大环。

3 *跨接到下一个大环，做2个环。在这2个环上做7行直边行（步骤3a），减至1个环。将线带到花瓣的底部，在大环中打一个结（步骤3b）*。跨接至下一个基础环。

步骤 3a

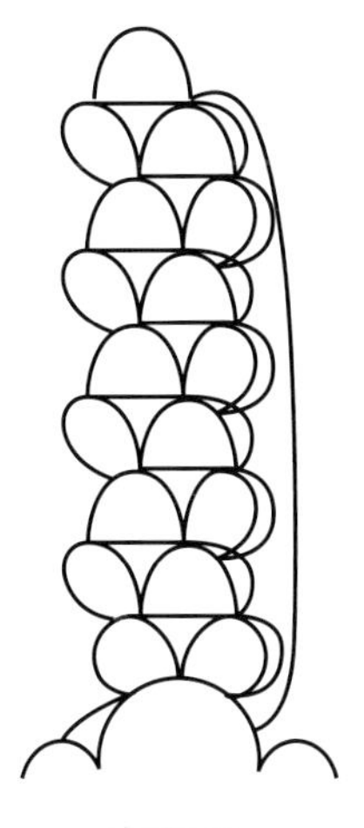

步骤 3b

4　重复步骤3，重复步骤3中*号间的操作，做出3片花瓣的中心部分。在靠近结处剪断线。

5　在最后一个结处加入丁香色线，*在下一片花瓣前跨接至跨接环。跳过花瓣左边所有的环，在花瓣顶部的单个环上做1个大环并加1个环，跳过花瓣右边所有的环，在下一个跨接环上做1个大环（步骤5）*。重复2次*号间的操作。

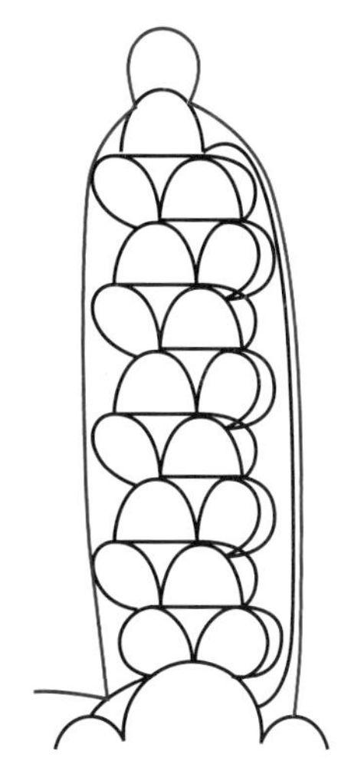

步骤 5

6　跨接至花瓣底部的第1个基础环，加入1根丁香色线，在边缘7个基础环上各做1个基础环。做1个直线返回环至跨接环（步骤6）。

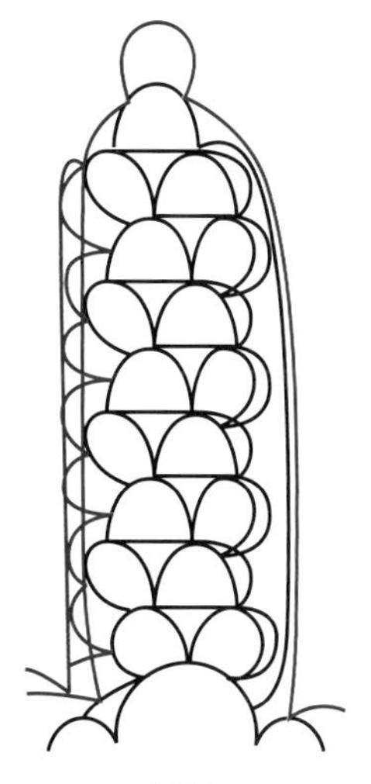

步骤 6

7 在7个基础环上各做1个基础环，并做直线返回环至第1个环。

步骤 7

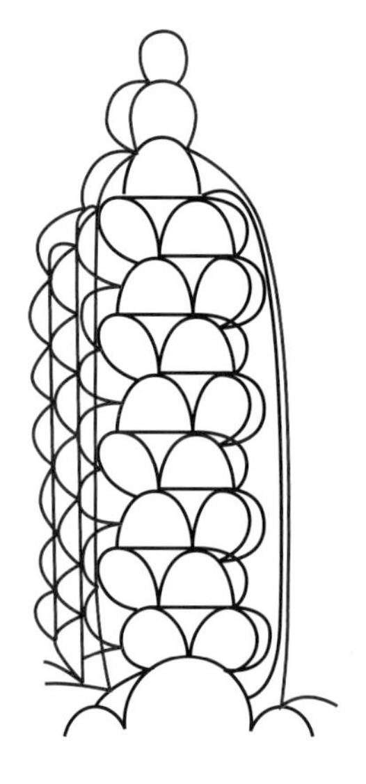

步骤 8a

8 在6个基础环上各做1个基础环，在步骤6中所做的直线返回环上做1个基础环，在步骤5所做的大环上做1个基础环。在顶环上做1个基础环，再加1个环（步骤8a）。在步骤5做的大环上做1个基础环，在后8行直边行右侧的环上各做1个基础环（步骤8b）。

步骤 8b

9 跳过7个环，做直线返回环至从顶环数第3个环（步骤9a）。在下面的7个基础环上各做1个基础环（步骤9b），直线返回至第1个环，在下面的6个环上各做1个基础环（步骤9c）。在第1个直线返回环上做1个基础环，在步骤5所做的大环上做1个基础环（步骤9d）。跨接到下一个跨接环。

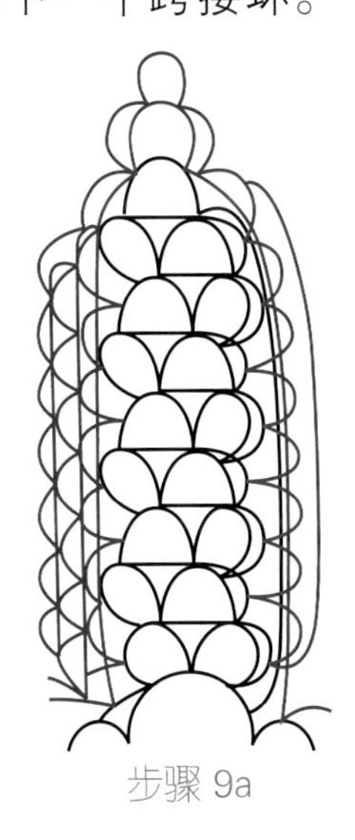

步骤 9a

步骤 9b

步骤 9c

步骤 9d

10 重复2次步骤6~9，再做2片花瓣，在靠近结处剪断线。

11 在最后一个结处加入1根紫色线，*加入长细丝，顺着花瓣的左边向上，在所有的环上各做2个长的饰边小环。在顶环上做4个长的饰边小环。顺着花瓣右边向下，在每个小环上各做2个饰边小环*。围绕后2片花瓣，重复*号间的操作。将起始线和结束线留出长饰边小环的长度后剪断。将长细丝穿过花瓣管，留出约50mm后剪断。

12 小心地剪开长饰边小环的顶部，形成流苏。

内层花瓣

完成后的内层花瓣

13 用绿色线做3个环作为管状起针，编织3圈，形成管状。在靠近结处剪断线。

14 在最后一个结处加入1根紫色线，在第1个环上做进位环，做1圈基础环。*在下一个环上做1个跨接环，在这个环上做1条7个环的打结链。将编织线带至底部的那个环*（步骤14）。重复*号间的操作，再做2条打结链。在靠近结处剪断线。

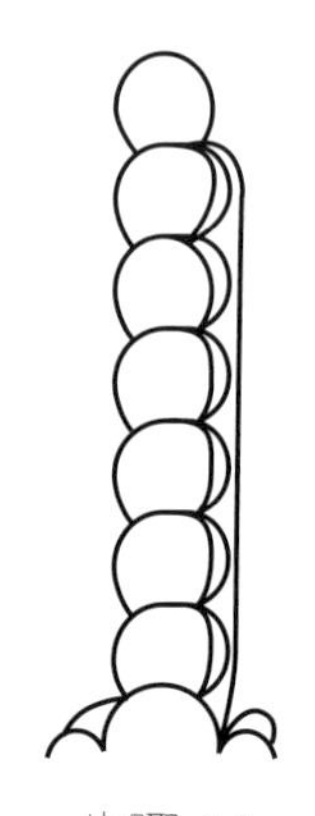

步骤 14

15 在最后一个结处加入1根丁香色的线，跨接至下一条打结链前面的跨接环。*跳过打结链左边所有的环，在顶部的单个环上做1个大环和1个基础环，在打结链之间的跨接环上做1个大环*。重复2次*号间的操作。

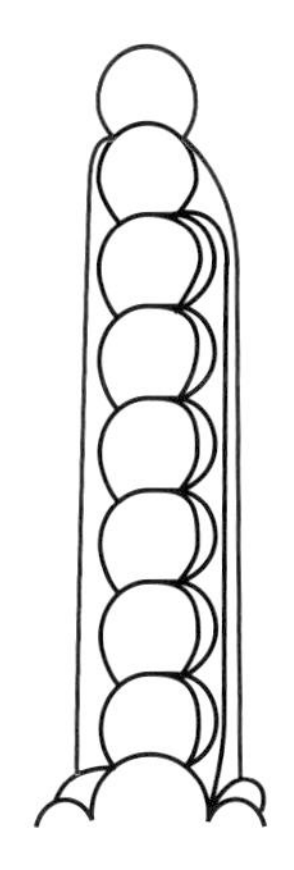

步骤 15

16 跨接至花瓣底部的第1个环，加入长细丝，沿着打结链的左边在6个环上各做1个基础环。把长细丝搁在一边，做1个直线返回环至跨接环。在6个基础环上各做1个基础环。加入长细丝，在顶环上做1个基础环，再加1个环。

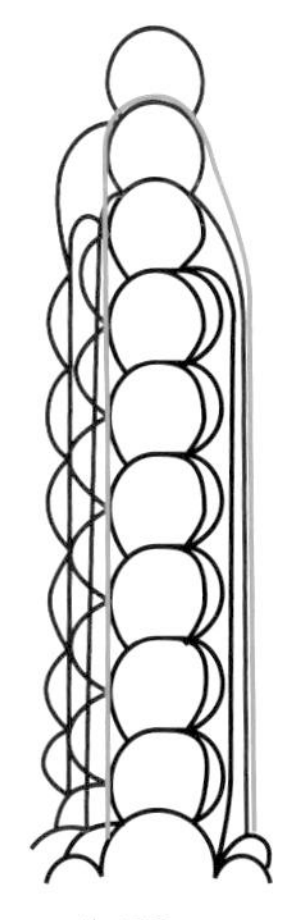

步骤 16

17 加入长细丝，沿打结链的右边在每个环上各做1个基础环（步骤17a）。做1个直线返回环至顶部的第2个环，在每个环上做1个基础环，直至花瓣的底部（步骤17b）。

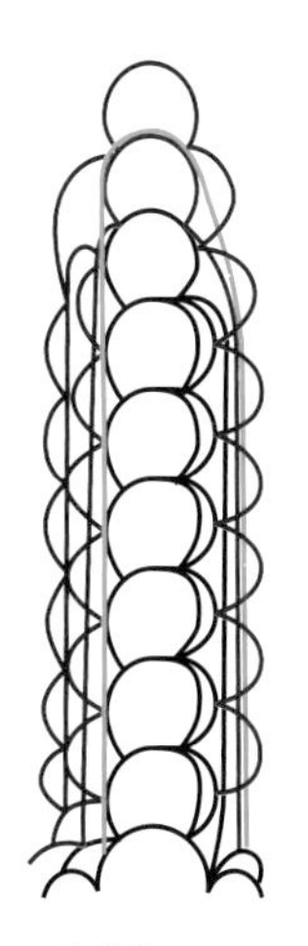

步骤 17a

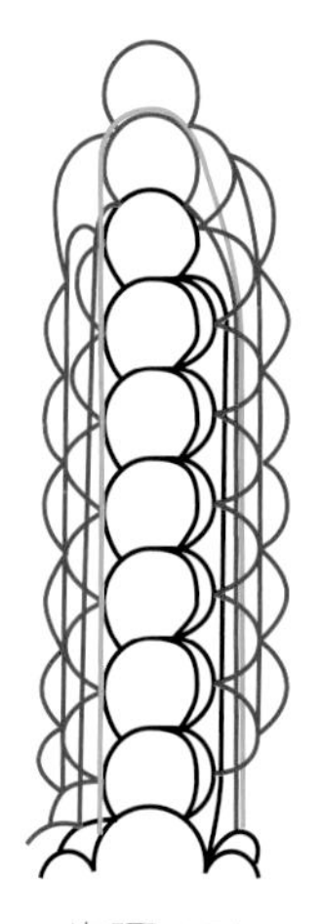

步骤 17b

18 重复2次步骤16和17，再做出2片花瓣（共3片花瓣）。在靠近结处剪断线。

雄蕊

完成后的雄蕊

19 用绿色线做5个周长约为25mm的长雄蕊。

20 用紫色线做长雄蕊的尖。在每个雄蕊上做1条3个环的打结链。在打结链的顶部打最后一个结，并在靠近结处剪断线。

花的组装

待组装的雄蕊和花瓣

21 将雄蕊插入中心花瓣管，固定在基底上。将内层花瓣插入外层花瓣管，将内层花瓣放于外层花瓣的空隙处，固定在基底上。

花苞

完成后的花苞

22 用绿色线做3个环作为管状起针，编织3圈，形成管状。

23 在每个环上做1个大环，直至一圈的末尾（共3个大环）。

24 跨接至下一个大环，做2个环。增加到3个环，做2行直边行。减至1个环，把线带到花苞花瓣的基底。在大环上做一个结。

25 重复2次步骤24，再做出2片花苞花瓣。

26 在最后一个结处加入1根浅绿色线，将花苞花瓣1和花瓣2的内部压到一起（步骤26）。*从底部起，用基础环将花瓣连接到一起，直至顶环*。将花苞花瓣2和花瓣3的内部压到一起，做环至底部。再将花苞花瓣1和花瓣3压在一起，重复*号间的操作。将编织线带至底部，在其中一个大环上打一个结，在靠近结处剪断线。

步骤 26

叶子

完成后的叶子

注：流苏百合花的叶子位于花杆的底部，又长又细，大约为花杆的2/3。这里做的是18个环的打结链。但打结链可以根据需要加长。

27 用绿色线做3个环作为管状起针，编织2圈，形成管状。

注：管环不要拉得太紧，因为在组装花时，要将花杆和花苞杆穿进去。

28 在下一个环上做进位环，*做一条21个环（或所需数量的环）的打结链。跳过1个环，在每个转向环上做1个环，直至打结链的第1个环。

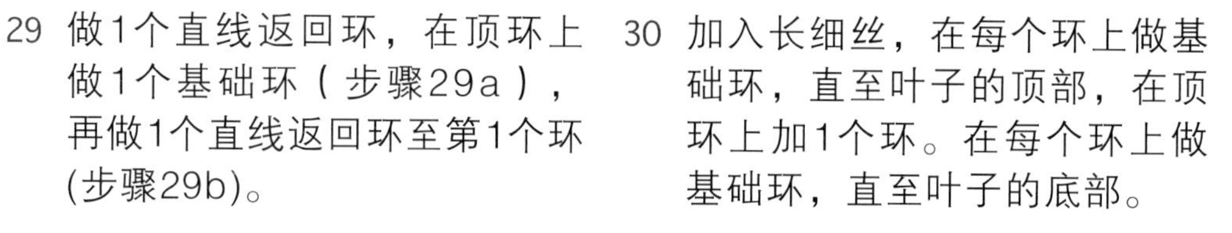

29 做1个直线返回环，在顶环上做1个基础环（步骤29a），再做1个直线返回环至第1个环(步骤29b)。

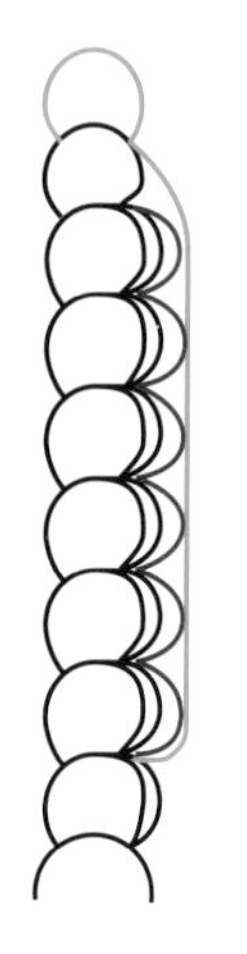

步骤 29a

步骤 29b

注：如果做直线返回环比较困难，叶子可以用长环制作。

30 加入长细丝，在每个环上做基础环，直至叶子的顶部，在顶环上加1个环。在每个环上做基础环，直至叶子的底部。

步骤 30

31 在下面2个管状起针的环上重复步骤28~30，再做2片叶子，在靠近结处剪断线。

花、花苞和叶子的组装

32 将花杆硬线连到花和花苞处，用3股绣花线包裹。将花杆插入叶管中，拉紧管的起始线，将基底固定至花杆上。用绣花线缠绕，并用胶固定。根据需要摆放花、花苞和叶子。

传统的花和叶管

需要把芭芭拉编花接到织物上时，使用传统的叶管。

接到织物上的单朵流苏百合花

A 用绿色线做1个金字塔，在金字塔顶部的单个环上做2个环作为管状起针，增加到5个环，编织5圈，形成管状起针（见28页“基础五瓣花”的制作步骤1~7）。

B 在第1个环上做进位环，*在下一个环上做1个大环，再在下一个基础环上做1个基础环*。重复*号间的操作，在下一个环上做基础环。

C 跨接到第1个大环，做2个环。在这2个环上做11行直边行，减至1个环，在每个环上做1个环直至叶子的底部。在下一个环上做1个跨接环，做第2片叶子，或按步骤24操作，做出1个花苞。

D 按步骤1~21操作，做出一朵花。

E 将组装好的花插入叶管中固定。

作品集锦

Project gallery

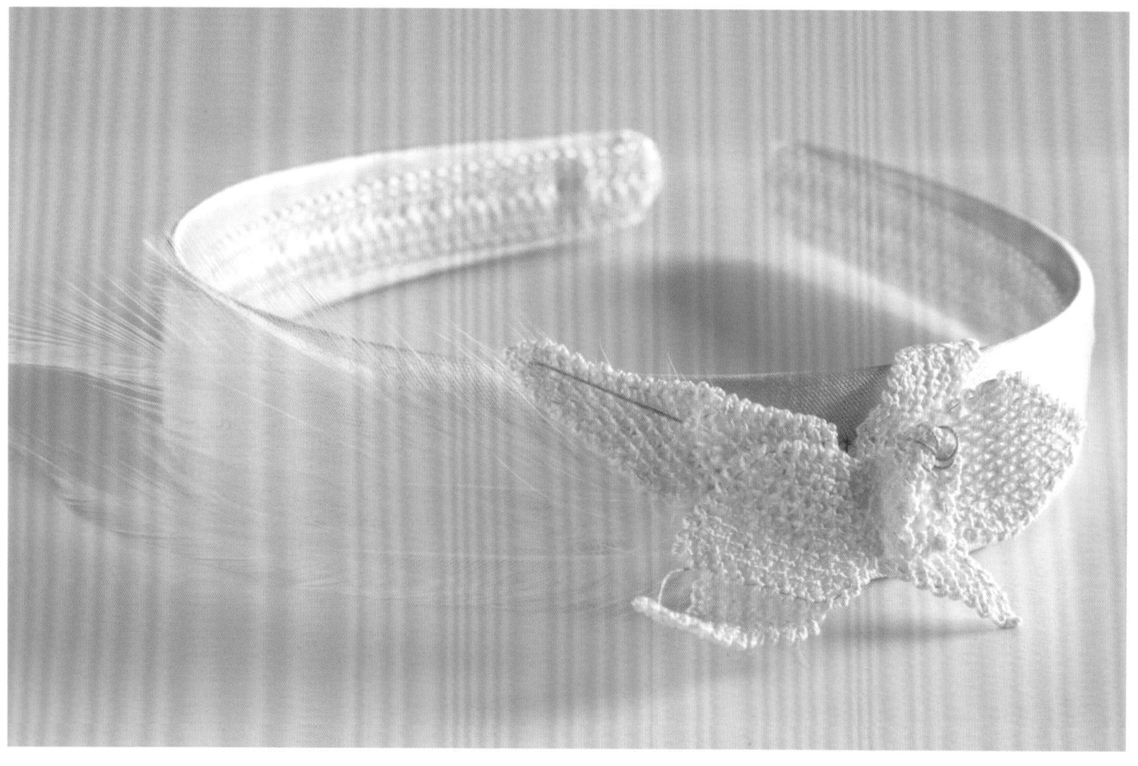

参考书目

Anchor. *Manual of Needlework*. BT Batsford Ltd, London, 1968.

Churchill-Bath, Virginia. *Lace*. Penguin, Harmondsworth, UK, 1979.

Dickson, Elena. *Knotted Lace in the Eastern Mediterranean Tradition*. Sally Milner Publishing, Bowral, NSW, 1992.

Dickson, Elena. *Mediterranean Knotted Lace*. Sally Milner Publishing, Bowral, NSW, 2005.

Foros-Koutsikas, Despina. *Lace in Chios*. The Friends of the Villages of Chios, Athens, 2000.

Hensen-Minten, Bertha. *Oya Needle Lace Guide*. ThreadTeds, Netherlands, 2008.

Ioannou-Yannara, Tatiana. *Greek Threadwork: Lace*. Mellissa, Athens, 1986.

Kasparian, Alice Odain. *Armenian Needlelace and Embroidery*. EPM Publications, McLean, VA, 1983.

Keramari, Maria. 'Bibilla or Knotted Lace', *Kopaneli*, January/March 2003. Produced by the Friends for the Preservation and Promotion of Bobbin Lace 'Christina'.

Koutsika, Despina (ed.). *Greek Lace in the Victoria and Albert Museum*. Indiktos Publications, Athens, 1999.

Ondori. *Igne Oyalari, Armenian Needlelace*. Ondori Publications, Japan, 2008.

Onuk, Taciser. *Oya Culture Since the Ottomans*. AYK Ataturk Lultur Merkezi Baskanligi, Ankara, 2005.

Simeon, Margaret. *The History of Lace*. Stainer & Bell, London, 1979.

Tashjian, Nouvart. *Armenian Lace*. Edited by Jules and Kaethe Kliot, Lacis, Berkley, CA, 1982.

Wetzel, Carolyn. 'Oya: A Traditional Needle-lace Embellishment', *Piecework*, July/August 2011.

编者著：为便于读者准确查询参考书目，保留本篇英文原文书目。